ZEICHENERKLÄRUNG

Kartengrundlage

- Autobahn mit Nummer
- Bundesstraße mit Nummer
- Hauptstraße
- Landstraße
- Nebenstraße, sonstige Straße
- Allee
- Weg
- Ostdeutsche Eisenbahn GmbH
- Bahnstrecke mit Bahnhof
- Vogelschutzgebietsgrenze Stand 2007
- Naturschutzgebietsgrenze
- Bebauung
- Schleuse
- Wald
- Wiese/Moor

Maßstab 1:100000

0 2 4 km

(1 cm in der Karte ≘ 1 km in der Natur)

Impressum

erausgeber: Verlag Burkhard Fellner

artographische earbeitung: © Peter Kast, Ing.-Büro für Kartografie

edaktion: Burkhard Fellner

t freundlicher Unterstützung der BUND- Kreisgruppe Ludwigslust

Übersichtskarte Lewitz und Ausschnitt Teichlewitz

Burkhard Fellner

Faszination Lewitz

Ein Naturparadies in Mecklenburg

Neuhof

7. 9. 2012

B. Fellner

Vbf®
VERLAG burkhard fellner

zweite überarbeitete und erweiterte Auflage

Impressum

Bibliographische Information der Deutschen Bibliothek:
Die Deutsche Bibliothek verzeichnet diese Publikation in der Deutschen Nationalbibliographie; detaillierte bibliographische Daten sind im Internet über http//dnb.ddb.de abrufbar.

Autor und Herausgeber:	Burkhard Fellner
Fotos:	Burkhard Fellner
	Historische Aufnahmen gemäß Bildnachweis
Englische Übersetzung:	World Text Sprachenservice oHG, Schwerin
Satz und Layout:	Fellner/ Kweton
Herstellung:	cw Obotritendruck GmbH, Schwerin
Umwelthinweis:	gedruckt auf chlorfrei gebleichtem Papier

ISBN: 978-3-9811338-0-6

Vbf®
VERLAG burkhard fellner

Verlag Burkhard Fellner
Zur Kuhdrift 10
19306 Neustadt-Glewe
Tel.: 038757 - 55 88 7
Fax: 038757 - 54 23 4
E-Mail: info@verlag-bf.de
Url: www.verlag-bf.de

Mit freundlicher Unterstützung des BUND-Landesverbandes Mecklenburg-Vorpommern e.V.

BUND
FREUNDE DER ERDE

Inhalt

Seeadler

Einleitung

Mitten in Mecklenburg zwischen den alten Städten Parchim, Neustadt-Glewe und der Landeshauptstadt von Mecklenburg-Vorpommern Schwerin liegt sie – die Lewitz-Niederung, meine Heimat. In dieser Region bin ich geboren und hier lebe ich bisher ohne Unterbrechung. Obwohl umgangssprachlich in diesem Zusammenhang sicherlich gebräuchlich, scheint es mir doch ein bisschen anmaßend das besitzergreifende Wort „meine" zu gebrauchen, denn die Lewitz ist auch Heimat für viele andere Menschen. Außerdem existieren hier neben großen Pferde- und Rinderherden viele seltene, wildlebende Pflanzen- und Tierarten. Die Lewitz ist in Bezug auf ihre Naturausstattung und Entwicklungsgeschichte für Mecklenburg einzigartig und typisch zugleich. Dieses Empfinden teilen auch die vielen Besucher aus den umliegenden Regionen, den verschiedenen Bundesländern und sogar zuweilen aus dem Ausland. Im Gegensatz zu anderen Großschutzgebieten Mecklenburg-Vorpommerns ist die Lewitz bisher aber ein fast unbekannter Landstrich geblieben. Sie bietet dennoch ebenso viel Sehenswertes wie die Seenplatte oder die Elbtalaue; das sollen die Fotos in diesem Bildband zeigen. Vorrangig werde ich daher die Schönheit und die vielen verschiedenen Gesichter der jahrhundertealten Kulturlandschaft in Bild und Text darstellen. Historische Fakten wurden dazu in jahrelanger Arbeit sorgfältig aus alten Aufzeichnungen in verschiedenen Archiven und Museen sowie durch Zeitzeugenbefragungen zusammengetragen. Mein Anliegen ist es dabei, Freude

Neuhöfer Teich

beim Entdecken der Landschaft zu wecken, sei es für einige nur beim Anschauen und Lesen der folgenden Seiten oder auch zur Anregung einer eigenen Entdeckungstour vor Ort. Ich möchte das an die Leser weitergeben, was mich selbst an der Lewitz begeistert. Dieses verbinde ich mit dem Wunsch, dass der Funke des Bewahrens dieser Landschaft auch auf nachfolgende Generationen überspringt, denn nur diese bestimmen, welche Bilder in Zukunft von der Lewitz entstehen.

Es ist mir nicht immer leicht gefallen aus mehreren tausend Aufnahmen die dafür geeignetsten Fotos auszuwählen. Seit meiner Teenager-Zeit Mitte der 1980er Jahre bin ich mit der Kamera in der Lewitz unterwegs. Zuerst war es die analoge Spiegelreflexkamera Praktika MTL 5B, mit der ich unzählige DIA-Filme belichtete. Ab 2003 war es die digitale Spiegelreflexkamera Canon EOS 10D, die mich von den Vorteilen der digitalen Fotografie so überzeugte, dass ich seitdem keine Filme mehr benötige. Oft wird in der Naturfotografie Wert auf die Feststellung gelegt, dass es sich bei den Aufnahmen um reine Naturdokumente handelt, ohne jegliche technische Manipulation. Für mich ist das Arbeiten in der „digitalen Dunkelkammer" gerade ein wesentlicher Reiz an der Fotografie. Das Fotografieren und die Möglichkeiten der Technik gehören schon immer untrennbar zusammen. Weil Filme und Sensoren allein nicht an die farbliche Abbildungsleistung des menschlichen Auges heranreichen, wurde und wird auch in der analogen Fotografie beispielsweise über Objektivfilter und Entwicklungstechniken im Labor das Foto manipuliert. Soll es dann auch noch im Druck dem originalen Eindruck in der Natur annähernd entsprechen, kann auf eine Bildbearbeitung nicht verzichtet werden. Aber große Wunder kann auch die Digitaltechnik nicht vollbringen – Bildfehler, z. B. große Unschärfe und völlig falsche Belichtung, lassen sich auch mit moderner Technik nicht ganz beseitigen. Montagen oder ähnlich grob das Motiv bzw. die Realität verfälschende Eingriffe, die oft in Zeitungen oder Zeitschriften praktiziert werden, sind allerdings etwas anderes. Diese Fotos erfüllen einen anderen Zweck und haben mit Naturfotografie, wie sie in diesem Bildband zu sehen ist, nichts mehr zu tun. Im Grunde sind viele der folgenden Fotos nur ein Nebenprodukt der Naturbeobachtung. Gerade was die Tierfotografien betrifft, ging oft jedem geschossenen Foto stundenlanges Beobachten voraus. Die Tiere wurden nicht angefüttert und nur ausnahmsweise an der Brutstätte aufgesucht. Da zudem ein Objektiv mit lediglich 500 mm Brennweite zum Einsatz kam, durften sich die Objekte der Begierde nicht allzu weit von der Linse entfernt aufhalten. Die einzige Möglichkeit war also das Beobachten ihrer Lebensgewohnheiten – speziell das Auskundschaften, wann und wo eine bestimmte Art zu erwarten ist und der Einsatz eines Versteckzeltes. Um beispielsweise scharfe, kontrastreiche Flugaufnahmen zu bekommen, waren außerdem sehr gute Lichtverhältnisse, also Sonnenschein von der richtigen Seite, erforderlich. Manchmal vergingen mehrere Stunden des Wartens ohne die Chance auf ein brauchbares Foto, bis dann plötzlich ein oder mehrere Tiere in nur wenigen Metern Entfernung meinen Beobachtungsstandort passierten. Es war schon ein unbeschreibliches Gefühl, als ich von den sonst scheuen Wildtieren als ein Teil ihrer Umwelt

Graureiher

Morgennebel

akzeptiert wurde und sich Eisvogel, Silberreiher oder Seeadler völlig ungezwungen in meiner unmittelbaren Nähe bewegten. Nicht alles konnte fotografiert werden, nicht jedes Foto war brauchbar und so übersteigt die Anzahl der Bilder und Erlebnisse in meinem Kopf bei weitem die tatsächlich gemachten Aufnahmen.

Natürlich braucht man für die Realisierung so eines Buchprojektes neben Fotos und Textideen auch die Mithilfe und das Wohlwollen anderer. In erster Linie möchte ich mich dafür bei meiner Familie bedanken, die immer bereit war, mich zu unterstützen. Daneben war die Zusammenarbeit mit der Redakteurin des Mecklenburg Magazins, Frau Ute Hartig, und die regelmäßige Veröffentlichung von meinen Lewitzartikeln ein wichtiger Ansporn zum jahrelangen Recherchieren und Schreiben. Weiterhin danke ich den Naturschutzbehörden für das Ausstellen der erforderlichen Ausnahmegenehmigungen, den Personen, die ihre historischen Fotos für diese Veröffentlichung zur Verfügung gestellt haben, den Zeitzeugen, den Sponsoren und dem BUND (Bund für Umwelt und Naturschutz) Mecklenburg-Vorpommern für die Unterstützung von Naturschutzprojekten in der Lewitz, bei denen auch Fotos entstanden sind. Karsten Buth, RA de Matteis und Gildo Kweton trugen durch die hilfreichen Tipps und durch die konstruktive Zusammenarbeit ebenfalls zum Gelingen des Buchprojektes bei.

Nach diesen einführenden Sätzen lade ich Sie nun herzlich ein, mit mir die Lewitz durch die Jahreszeiten und die Jahrhunderte zu durchstreifen. Machen Sie sich ein eigenes Bild von der Einzigartigkeit und Schönheit dieses Gebietes.

Dabei wünsche ich Ihnen viel Freude!

Die Lewitz

Ein Steckbrief

Die Lewitz ist eine im Kern ca. 13 mal 16 km große, nahezu unbewohnte Niederung. Der Name leitet sich aus dem slawischen Wort „lowit", was soviel wie Wildort, wildreiche Gegend bzw. jagen oder Jagdgebiet bedeutet, ab. Die geologische Formation des Sanders ist nach der letzten Eiszeit vor etwa 15.000 Jahren durch die Schmelzwassermassen des abtauenden Eises ausgespült worden. Später baute sich in dem so entstandenen großen Becken eine fast flächendeckende bis über einen Meter starke Niedermoorschicht auf. Beeindruckend ist die Weite der unzerschnittenen und unbebauten Landschaft, etwas, was in Mitteleuropa in diesen Ausmaßen Seltenheitswert besitzt. Die Oberflächenstruktur der Lewitzwanne hat ein sehr einheitliches Erscheinungsbild. Sie ist völlig flach, ohne jede größere Erhebung. Der Blick kann bei guter Sicht von einem hohen Standort in Neustadt-Glewe ungestört bis zum Fernsehturm nach Schwerin wandern. Die einzigen kleinen Hügelchen im Zentrum, die Sanddünen an der Alten Elde, erheben sich nur wenige Meter über das Niveau des Umlandes. Sie erhielten stolze Namen wie Schulten- oder Eichberg. Im Zuge der Umgestaltung der Lewitz in eine Kulturlandschaft verstärkte der Mensch zusätzlich die Einheitlichkeit der Landschaft. Ihm stellten sich keine Hindernisse in den Weg. Charakteristisch

Sonnenaufgang an der Dütschower Brücke

dafür sind die nach der Entwaldung entstandenen großen Wiesen (ca. 7.000 ha), eingefasst von geradlinigen Hecken und die riesigen rechteckigen Karpfenteiche mit einer Gesamtfläche von über 800 ha. Durchzogen wird das Ganze von einem symmetrisch verlaufenden Kanalsystem, der Alten Elde als letztem natürlichen Fluss und zwei wichtigen Wasserstraßen: der Müritz-Elde-Wasserstraße und dem Störkanal. Weiterhin gibt es ein großes zusammenhängendes Waldgebiet (ca. 3.500 ha), gute, am besten mit dem Fahrrad zu erschließende Wege und nur wenige Siedlungen. Aber was wäre dies alles ohne das Vorkommen eines reichhaltigen Tier- und Pflanzenlebens? Die jahrhundertlange, fast völlige Abgeschiedenheit des Lewitzgebietes führte dazu, dass sich hier eine einzigartige Flora und Fauna ungestört entfalten konnte. Dieser Reichtum und die von ihr ausgestrahlte Ruhe und Weite machten und machen den eigentlichen Reiz dieser auf den ersten Blick manchmal monoton wirkenden Landschaft aus. In erster Linie ist es die Vogelwelt, die die Lewitz schon vor einhundert Jahren in ganz Deutschland bei den Ornithologen bekannt machte. Sie ist bis heute der wichtigste Grund für die Unterschutzstellung weiter Teile des Gebietes. So sind etwa 16.000 ha zum Europäischen Vogelschutzgebiet erklärt worden. Daneben beleben große Pferde- und Rinderherden das Wiesengelände. Aber auch die Dörfer haben einiges zu bieten. Da gibt es z. B. das Jagdschloss Friedrichsmoor mit seiner berühmten Jagdtapete, die Banzkower Holländer-Galerie-Mühle und viele kleine Dorfkirchen zu bestaunen.

Außergewöhnlich ist auch die Entstehung und Entwicklung der Kulturlandschaft. In Verbindung mit wohl kaum einer anderen Gegend wird das Wort „Wandel" so oft genannt wie mit der Lewitz. Belege allein aus den letzten 200 Jahren zeugen von einer unglaublichen Metamorphose des ehemaligen nacheiszeitlichen Flachwassersees. Sumpf-Urwald, Holz- und herzogliche Wildkammer, Heuwiese, Naturschutzgebiet, Milchader, Tourismusregion – so wird oft noch mit dem Zusatz „bedeutend oder einzigartig" die Lewitz charakterisiert. Fast völliger Entwaldung folgten teils Aufforstungen und eine Nutzung der übriggebliebenen Sümpfe als Heuwiesen. Nach Entwässerungsmaßnahmen entstanden Weideflächen oder sogar Äcker. Riesige Teiche bedecken heute ehemalige Wiesengebiete. Aus kleinen Flößgräben wurden große schiffbare Kanäle. Schleusen und Brücken wurden gebaut, modernisiert und teilweise wieder demontiert – aus Knüppeldämmen wurden Straßen. All dies ging stets mit einer gravierenden Veränderung der Arbeits- und Lebensbedingungen der Menschen und der Flora und Fauna einher.

Dieses Nebeneinander von Natur und menschlicher Bewirtschaftung verläuft dabei bis in die Gegenwart nicht unproblematisch. Die Zukunft wird zeigen, ob das Besondere der Lewitz erhalten bleiben kann.

Im Wandel der Jahreszeiten

Frühling

Weiße und gelbe Teppiche

In der Lewitz erschließt sich dem aufmerksamen Beobachter im Frühling ein wahres Feuerwerk von überwältigenden Eindrücken. Die großen Zugvogelschwärme sind die ersten Vorboten der erwachenden Natur. Kiebitze, nordische Gänse und Schwäne rasten auf den Wiesen- und Ackerflächen. Wenn dann im März die Nachttemperaturen über 5°C steigen und dazu noch Regen einsetzt, begeben sich, lange vor der Brutzeit der meisten Vogelarten, die Amphibien auf die Laichwanderung. Die Frösche überwintern frostsicher im Schlamm, z. B. in den sumpfigen Gebieten an der Elde, die Kröten und Molche dagegen in Erdlöchern an Land. Die wechselwarmen Lurche passen ihre Körpertemperatur der Umgebung an. Nur bei Plusgraden können sie Aktivität entfalten. Erdkröten, Grasfrösche und Teichmolche gehören zu den ersten, also zu den Frühlaichern. Das größere Erdkrötenweibchen trägt auf der Wanderung das kleinere Männchen auf seinem Rücken. Auf dem Weg zum Laichgebiet, den Teichen und Gräben, müssen sie auch Straßen und Wege überqueren. Dabei werden sie leider häufig von Kraftfahrzeugen erfasst. Mit Hilfe einiger Naturfreunde, der finanziellen Unterstützung von Naturschutzbehörden und dem BUND gelingt es mir seit mehreren Jahren durch die Errichtung und Betreuung eines sogenannten Krötenzaunes, den Tieren an einer besonders frequentierten Straße ein sicheres Passieren zu ermöglichen. Von März bis Mai besteht so auch die Gelegenheit, Interessenten unsere einheimischen Amphibienarten vorzustellen. In den vergangenen Jahren nutzten z. B. verschiedene Schulklassen dieses Angebot. Mit Begeisterung trugen die Kinder die Tiere über die Straße, ohne die geringste Abscheu zu empfinden, die seltsamerweise viele Erwachsene vor diesen nützlichen und harmlosen Tieren entwickeln. Natürlich ließ ich die Chance nicht ungenutzt, um auch einige Fotos zu schießen. Wann sieht man sonst schon einmal eine Knoblauch- oder Wechselkröte oder hält eine Rotbauchunke in der Hand?

Erdkröte auf dem Laichzug

Rotbauchunke in Abwehrhaltung

Wechselkröte

Wasserfrosch

Knoblauchkröte

Teichmolch

Die Amphibien bilden eine wichtige Nahrungsgrundlage für den beliebtesten gefiederten Dorfbewohner der Lewitzdörfer, den Weißstorch *(rechte Seite)*. Im April kehrt er aus dem Winterquartier zurück und besetzt seinen Horstplatz. Dieser befindet sich meistens auf einer Nistplattform, die auf einem hohen Pfahl befestigt ist. Mit dem Rückgang der Feuchtwiesen *(Bild unten)* haben auch die Brutpaare des Weißstorches in der Lewitz stark abgenommen. Um so erfreulicher ist es, wenn sich in jedem Frühjahr ein Storch einfindet, der mit dem Aus- und Weiterbau des mächtigen Horstes beginnt. Findet sich dann auch noch ein Partner ein, gehört das laute Schnabelgeklapper zu den wohl schönsten Frühlingsboten.

Löwenzahnwiese

Im April erwacht dann auch endlich die Pflanzenwelt aus ihrer Winterruhe. Allerdings muss man darauf in der Lewitz etwa eine Woche länger warten als in den benachbarten Regionen. Das hängt damit zusammen, dass sich der Frost in der Lewitzwanne länger hält. Da kalte Luft schwerer ist als warme, strömen die kalten Luftmassen aus der Umgebung in das Becken. Außerdem enthält der Boden der Lewitz im Frühjahr viel Feuchtigkeit, bei deren Verdunstung der Umgebung Wärme entzogen wird und Verdunstungskälte entsteht. Zunächst bedecken ab Mitte April unter den noch nicht belaubten Eichen, Buchen und Erlen in der Waldlewitz weiße Anemonenteppiche den Boden. Wenig später, Anfang bis Mitte Mai, strahlt dann die Wiesenlewitz im warmen Gelbton der Löwenzahnblüten. Auf feuchteren Wiesen sind es die ebenfalls gelben Blüten vom Hahnenfuß, welche die große Ebene bedecken.

Sumpfdotterblume

Rotbauchunke

Blaumeise

Jetzt ist auch die Brutzeit der Vögel in vollem Gange. Von Mitte März bis zum Mai steigern sich die zunächst noch vereinzelt wahrnehmbaren Stimmen der Singvögel zu einem gewaltigen Chor. Besonders an der Dütschower Brücke *(Luftbild links)* im Zentrum der Lewitz lassen sich viele interessante Naturbeobachtungen machen. In dem urwüchsig erhaltenen Winkel eines Teiches geben die Rotbauchunken ihr eigenartiges Konzert und sorgen so für die passende Geräuschkulisse.

Seit Anfang der 1970er Jahre ist die Beutelmeise in der Lewitz heimisch. Das Männchen dieser bunt gefärbten Vogelart mit der schwarzen Augenmaske beginnt den Bau des kunstvollen Beutelnestes allein. Dabei wird es am ehesten entdeckt, wenn man auf seine langgezogenen „zieh"-Rufe achtet. Aus einem Körbchen entsteht innerhalb von zwei Wochen ein imposantes Beutelnest mit Eingangsröhre. Das später dazukommende Weibchen hilft zum Schluss bei dessen Fertigstellung mit. Wenn sich kein Weibchen einfindet, wird der Nestbau vom Männchen abgebrochen und an einer anderen Stelle neu begonnen.

Über den Schilfbeständen an den Teichufern kann man mit etwas Glück die Rohrweihen bei der Beuteübergabe beobachten. Dieser Greifvogel errichtet seinen Horst auf umgeknickten Röhrichthalmen im Schilf. Das Männchen übergibt dem bei seinem Erscheinen vom Horst auffliegenden Weibchen die Beute in der Luft. Als Teenager war ich im Mai ständig damit beschäftigt, die Horste der Rohrweihen am Neustädter See und in der Umgebung der Elde zu suchen. War ein Horst gefunden, wurde er regelmäßig kontrolliert. Damit er nicht von Nesträubern aller Art entdeckt werden konnte, tarnte ich den Zugang sorgfältig mit Schilfhalmen. Bis zu sechs Eier befanden sich in einem Schilfhorst. Die Greifvögel legen ihre Eier im Abstand von mehreren Tagen, bebrüten sie aber vom ersten Tag an. Das hat zur Folge, dass auch die Küken im Abstand von mehreren Tagen schlüpfen. Bei großen Gelegen ab fünf Eiern bleiben ein oder zwei Küken in ihrer Entwicklung meist zurück, weil die Älteren und Stärkeren den Geschwistern nur dann etwas

Beutelmeise

Verschilfte Fischteiche sind hervorragende Rohrweihenbiotope.

Rohrweihenhorst

Flügge Rohrweihe

von der Nahrung, welche die Altvögel zum Horst tragen, übriglassen, wenn sie selbst satt sind. So kommt es oft vor, dass die jüngsten Tiere sterben und von den älteren gefressen werden. Zusammen mit einem Ornithologen wurden die flüggen, aber noch nicht flugfähigen Jungvögel schließlich Anfang Juli beringt. Junge Rohrweihen verhalten sich dabei oft sehr aggressiv. Ohne Handschuhe war es ein sehr schmerzhaftes Unterfangen. Auf jeden Fall gehörten die Rohrweihen dadurch zu meinen ersten Fotomotiven. Ähnlich war es mit dem Mäusebussard. Von April bis Juni 1987 und 1988 kletterte ich jede Woche auf eine Schwarzerle, um ein Foto von den Jungvögeln aufzunehmen. Die Gelegegröße beim Mäusebussard richtet sich nach der Nahrungssituation während der Zeit der Eiablage. Gibt es viel Nahrung, legt er entsprechend mehr Eier und umgekehrt. Dadurch verläuft das Aufwachsen der Jungvögel des Mäusebussards im Gegensatz zur Rohrweihe friedlicher. Letztendlich wurden in beiden Jahren alle drei Jungen groß. Auf den Fotos kann man das Wachstum der Jungvögel von Mitte April bis Ende Juni nachvollziehen.

Entwicklungsstufen von Mäusebussardjungvögeln

Wildschweinfrischlinge

Selten sieht man in der Lewitz ein Wildschwein. Diese Tiere sind nachtaktiv und sehr scheu, was auf die starke Bejagung zurückzuführen ist. Die Paarungszeit der Wildschweine erstreckt sich in der Regel von November bis Januar. In den Schilfdickichten einiger Fischteiche werden aus Schilf trockene, gepolsterte Mulden angelegt. Nach einer Tragezeit von 16 bis 20 Wochen bringt hier die Bache gewöhnlich im April fünf bis zehn Frischlinge zur Welt. Die Frischlinge verlassen nach ca. 10 Tagen diesen sogenannten Kessel und folgen der Mutter, von der sie zwei bis drei Monate lang gesäugt werden. Bei einer Radtour auf dem Damm der Müritz-Elde-Wasserstraße ergab sich für mich einmal eine zufällige Gelegenheit für einen Schnappschuss. Anfang Mai liefen dort am hellen Tag fast völlig ohne Scheu vier Frischlinge etwas orientierungslos entlang. Sie verschwanden schließlich im hohen Gras in der Nähe eines Grabens. Entweder war die Bache nicht mehr am Leben oder sie wartete irgendwo auf ihren Nachwuchs. Den Frischlingen nachzuspüren kam für mich nicht in Frage, da die Bachen keinen Spaß verstehen, wenn es um ihre Jungen geht.

Ziemlich spät im Frühling, erst Ende Mai/ Anfang Juni, erblüht seit einigen Jahren wieder das Juwel der Lewitz, die Sibirische Schwertlilie *(Bild rechts)*. Das ist mehr oder weniger auch einem Zufall zu verdanken. Als Sammler und Jäger historischer Fotos von der Lewitz machte ich 2000 Bekanntschaft mit Walter Dahnke (jun.), dem Sohn des besonders in Parchim sehr bekannten ehemaligen Lehrers und Naturforschers Walter Dahnke (sen.). Er war einer der wenigen, die seit den 1940er Jahren eine Kamera besaßen und in der Lewitz fotografierten. Einige seiner Fotos hat mir Walter auch unter anderem für diesen Bildband zur Verfügung gestellt. Auf einem der Fotos aus den 1950er Jahren ist auch die Sibirische Schwertlilie (Iris Sibirica) zu sehen. Sofort war ich von dieser Pflanze fasziniert, ich hatte sie in der Lewitz noch nie gesehen. Unsere daraufhin durchgeführte Suchaktion an den ehemaligen Standorten der Pflanze brachte keinen Erfolg. Das Juwel war aus der Lewitz verschwunden. Aber es existierten trotzdem noch einige Exemplare von echten Lewitz-Schwertlilien! 1954 entnahm Walters Vater einige Stauden von einer Wiese, auf der ein neuer Karpfenteich entstand. Die gefährdeten Pflanzen setzte er in seinen Garten. Trotz mehrerer Umzüge überdauerten die Schwertlilien die Zeit in den Gärten der Familie Dahnke. So wurde die Idee geboren, eine Wiederansiedlung in der Lewitz zu versuchen. Zusammen mit dem StAUN Schwerin und der AG Geobotanik, die für das Vorhaben gewonnen werden konnten, bildete sich ein kleines Team, um das Projekt in Angriff zu nehmen. An einigen ausgewählten, vielversprechenden Stellen in der Nähe des seit etwa 1975 erloschenen Vorkommens wurden im April 2001 erstmals einige dieser Pflanzenstauden eingesetzt. Sie kamen noch im selben Jahr zur Blüte. An weiteren geeigneten Standorten wird die Pflanzaktion bis heute fortgesetzt. Dieses Projekt besitzt Symbolcharakter für die gegenwärtigen Naturschutzziele in der Lewitz und soll für die Renaturierung einiger Moorwiesen werben.

Sommer

Sonnenuntergänge an der künstlichen Seenplatte

Die blütenreichen und frischen Farben des Frühlings werden im Sommer durch neue kräftigbunte Fotomotive abgelöst. Während Wespen und Mücken jetzt oft als Plage empfunden werden, können wir uns dagegen an anderen Insekten erfreuen. An Farbenpracht sind die nun reichlich vorkommenden Tagfalter kaum von anderen heimischen Lebewesen zu überbieten. Kleiner Fuchs, Admiral, Tagpfauenauge, Diestelfalter, Landkärtchenfalter, Kleiner Perlmuttfalter und hin und wieder sogar ein Schwalbenschwanz sind jetzt alle in der Lewitz versammelt, um sich an den Blütenpflanzen wie dem ab Juli blühenden Wasserdost und dem Blut-Weiderich zu laben. Auch ein Heupferd ist manchmal zu entdecken.

Ebenfalls sehr farbintensiv ist das Lichtspiel, wenn abends die Sonne glutrot im Karpfenteich versinkt. Riesige Mengen von Staren oder Schwalben, die in der Ferne wie Mückenschwärme aussehen, können dabei beim Einfall in ihre Schlafplätze, den Schilfgebieten der Teiche, beobachtet werden. Zusätzlich umrahmt das Zirpen der Grillen das Naturschauspiel. Es entsteht eine Atmosphäre wie im Urlaub am Meer.

Admiral

Landkärtchenfalter

Kleiner Fuchs

Schwalbenschwanz

Tagpfauenauge

Diestelfalter

Diestelfalter

Kleiner Perlmuttfalter

Enzianwiese

Heupferd

Der ab August auf einer kleinen fünf ha großen Naturschutzwiese blühende Lungenenzian *(Bild links)* ist ein weiterer Höhepunkt des Sommers. Hier zeigt sich, wie wichtig die Naturschutzarbeit ist. Nur durch den Erhalt und die Pflege dieser letzten intakten Pfeifengraswiese der Lewitz ist diese wunderschöne Pflanzenart vor dem Aussterben bewahrt worden.

Im Sommer gab es ein Erlebnis, bei dem ein seltener Schnappschuss gelang. Früh morgens stand ich am Ufer eines Teiches, um einen Sonnenaufgang zu fotografieren. Als Standort wählte ich eine Stelle, wo der ansonsten sehr dichte und hohe Schilfgürtel eine Lücke aufwies und ich einen schmalen Einblick auf den Teich erhielt. Die Sonne war gerade aufgegangen, als vom Teich her seltsame Atemgeräusche zu mir drangen. Die Geräusche wurden immer lauter, ich vermutete schon einen Schwimmer (was in den Karpfenteichen allerdings sehr unwahrscheinlich ist). Da zeigte sich in der Schilflücke ca. drei Meter vom Ufer und so auch von mir entfernt ein langgestreckter, pelziger Körper. Vorsichtshalber tippe ich erst einmal auf eine Bisamratte – aber nein, es war tatsächlich ein Fischotter! Meine erste und bisher einzige Begegnung mit dieser streng geschützten und äußerst selten zu beobachtenden nachtaktiven Tierart. Die Kamera hatte ich noch im Anschlag und so drückte ich geistesgegenwärtig ein paar Mal auf den Auslöser. Der Otter sah mich, schwamm aber seelenruhig weiter. Das hing wohl damit zusammen, dass er mit seiner Beute im Maul, einem großen Karpfen, nicht großartige Fluchtmanöver durchführen konnte oder wollte. Sehr weit ist er dann letzten Endes nicht mehr geschwommen, da kurz danach ziemlich laute Schmatzgeräusche aus dem Schilfgürtel zu vernehmen waren.

Ähnlich selten zu sehen ist im Gegensatz zur stellenweise noch recht häufig vorkommenden Ringelnatter eine Kreuzotter. Eine braune Variante begegnete mir eines Morgens im Friedrichsmoorschen Wald. Dort sonnte sie sich in der warmen Sommersonne auf dem Waldboden. Als ich ihr beim Fotografieren etwas zu nahe kam, wurde sie leicht unruhig und hob den Kopf. Wenn man nicht gerade versehentlich auf diese giftige Schlange tritt oder nach ihr greift, verhält sie sich dem Menschen gegenüber friedlich oder flüchtet sogar. Durch das Vertilgen von Mäusen erweist sie sich als nützlich. Die Kreuzotter steht ebenfalls unter Naturschutz.

Fischotter

Kreuzotter

Natürlich gibt es auch im Sommer von der Vogelwelt Interessantes zu berichten.

Bis in den Juli hinein ist der Fischadler mit der Jungenaufzucht beschäftigt. Bereits im März ist er aus seinem Winterquartier in Afrika zu uns zurückgekehrt und von der Aussichtsplattform an der Dütschower Brücke sehr gut bei seiner Jagd in den Fischteichen zu bewundern. Acht Brutpaare horsten inzwischen vorwiegend auf den Gittermasten der Hochspannungsleitungen in und an der Lewitz. Der Fischadler kann sich sogar an die Nähe des Menschen gewöhnen und horstet z. B. in Amerika in nächster Nähe von menschlichen Ansiedlungen. Vielleicht wird sich dieser faszinierende Greifvogel in gleicher Weise bei uns bald nach Art des Weißstorches auf den an Häusern oder Stangen angebrachten Wagenrädern niederlassen.

Ab Mitte August ist der Fischadler noch häufiger als sonst zu beobachten. Der Durchzug der nordischen Brutvögel hat begonnen und die Fischteiche werden nun ständig von den Adlern beflogen. An ein Erlebnis während dieser Zeit erinnere ich mich besonders gern. In den 80er Jahren saß ich oft stundenlang mit dem Fernglas, damals noch ohne Versteckzelt und Kamera, am Ufer der Lewitzteiche, um den Adlern bei der Jagd zuzusehen. Ein paar Teiche mit den Karpfen in der passenden Größe werden immer bevorzugt angeflogen und so wechselt hier oft ein jagender Adler den anderen ab. Manchmal sind mehrere gleichzeitig zu sehen. Wieder rüttelte ein Tier in einiger Entfernung in der Luft, setzte zum Sturzflug an, fing sich kurz vor der Wasseroberfläche ab und stieg wieder auf. Das geschah noch einige Male. Der Adler war dabei völlig auf die Fische fixiert und näherte sich mit jedem vergeblichen Sturzflug meinem Standort. Ich legte das Fernglas beiseite, weil alles mit bloßem Auge zu sehen war. Wieder setzte der Adler zum Sturzflug an, winkelte die Flügel und schoss dabei in sehr spitzem Winkel noch weiter auf mich zu. Diesmal brach er nicht ab, sondern tauchte in etwa fünf Metern Entfernung mit einem deutlich vernehmbaren Klatschgeräusch ins Wasser. Erst jetzt bemerkte mich der nun im Wasser schwimmende Adler. Verdutzt sahen wir uns beide sekundenlang an. Schließlich stieß der Vogel einen heiseren Schrei aus und flog ohne Fisch davon.

Fischadler Jungvogel

Ebenfalls im August kam es zu einem weiteren unvergesslichen Erlebnis: Bekannte brachten eine junge flügge Mehlschwalbe, die sie völlig ermattet in der Lewitz gefunden hatten. Es war klar, dass wir versuchen würden, dem Tier zu helfen, wieder auf die Beine oder besser auf die Flügel zu kommen; das hieß Nahrungsbeschaffung und Fütterung. Nur unter Einbeziehung der ganzen Familie war dieser Ganztagsjob zu bewältigen. Den Flüssigkeitsbedarf der Schwalbe zu decken war kein Problem, mit einer Pipette konnten wir dem zunächst noch ängstlichen Vogel Wasser einflößen. Schwieriger gestaltete es sich, ausreichend Fliegen zu fangen. Also musste eine Ersatzbeute gefunden werden, die leichter zu bekommen war. In unserem Garten gab es unter den Steinen große Mengen an Kellerasseln. Mit großem Appetit verschlang der immer zutraulicher werdende Gast auch diese Kleintiere. Später brauchten wir die Asseln nur vor der Schwalbe auf den Boden zu legen, und sie pickte die schnell davonlaufenden Vielfüßler geschickt auf. Nach einer Woche war die Schwalbe in ausgezeichneter Form und unternahm kleine Rundflüge durch die Küche. Schließlich flog sie durch das geöffnete Küchenfenster davon. Schon öfter endete auf diese Weise eine von uns durchgeführte Pflegeaktion. Dieses Mal war es anders. Plötzlich flog das Tier nach einigen Minuten wieder durch das Fenster herein und setzte sich auf die Schulter eines Familienmitglieds. Das Schauspiel wiederholte sich noch einige Male. Am nächsten Tag brachten wir die Schwalbe in den Garten. In regelmäßigen Abständen flog sie nun davon, um nach einiger Zeit wiederzukommen und sich auf einer ihr vertrauten Person vorzugsweise auf einer ausgestreckten Hand niederzulassen. Auch als wir nicht mehr weiterfütterten, setzte sich dieses noch einige Zeit fort.

Den krönenden Abschluss des Sommers bildet jedes Jahr ab Mitte September die Hirschbrunft. In der Lewitz findet diese nicht, wie man es vielleicht erwartet, auf einer romantischen Waldwiese statt, sondern verborgen mitten im Schilf einiger stillgelegter Fischteiche. Oft nur von einem erhöhten Standort aus sind die Verursacher der beeindruckenden und weit zu vernehmenden Brunftlaute zu erspähen. In den meisten Fällen ist nur das Geweih des Rothirsches zu sehen. Die weiblichen Schmaltiere bleiben komplett verborgen. Bei Sonnenaufgang hatte ich einmal das Glück, ein kapitales Zwölfendergeweih samt Kopf und Rumpf vor die Linse zu bekommen. Der Hirsch zog langsam, umgeben von ein paar Schmaltieren, über eine im Teich gelegene Sumpfwiese. Bei den schwierigen Lichtverhältnissen war ich froh, dass meine Digitalkamera trotz des etwas lichtschwachen, langbrennweitigen Objektivs durch die starke Erhöhung der Lichtempfindlichkeit des Sensors problemlos den Hirsch auf den Speicherchip bannen konnte.

Herbst

Das mecklenburgische Binnenwatt

Der Oktober wartet in der Lewitz mit den wohl beeindruckendsten Naturereignissen des Jahres auf. Die Bäume der Waldlewitz und der Alleen präsentieren sich im prächtigen bunten Gewand. Sie laden bei klarer Luft zu ausgedehnten Wanderungen und Radtouren ein.

Einzigartige Szenen spielen sich jetzt aber vor allen Dingen auf den Teichen und Wiesen ab. Hier demonstriert die Lewitz wirkungsvoll ihre außergewöhnliche Bedeutung als Vogelschutzgebiet. Jedes Jahr ab Mitte September verwandelt sich das riesige Teichgebiet der Lewitz in eine faszinierende Landschaft, die an das Wattenmeer der Nordseeküste erinnert. Die Fischteiche werden nacheinander abgelassen und die Karpfen abgefischt. Im Gegensatz zu vielen anderen Branchen, wo man um diese Zeit vom Saisonende spricht, hat in der Lewitz in mehrfacher Hinsicht die Hauptsaison erst so richtig begonnen: Einmal für die Fischer, dann für die in der Lewitz rastenden Zugvögel und natürlich auch für die Naturfreunde, die die gewaltigen Zugvogelschwärme beobachten.

Nach dem Ablassen der sogenannten Abwachsteiche wird mit den gefangenen Karpfen je nach Alter unterschiedlich verfahren. Die dreijährigen

Dagmarteiche im Oktober

Bei der „Karpfenernte"

Die Fischer Tügel und Bumann präsentieren Marmorkarpfen

(bzw. dreisömmerigen) Karpfen sind erntereif. Sie kommen als Speisefische zunächst in kleinere Hälterteiche und dann zum Verkauf in die Fischläden. Die jüngeren Karpfen werden in ebenfalls kleinere Teiche, in die sogenannten Winterteiche gesetzt, um dort, wie der Name es verrät, zu überwintern. Im darauffolgenden Frühjahr kommen sie in die jetzt wieder mit Wasser gefüllten (der Fischer sagt bespannten) großen Abwachsteiche, in denen sie bis zum Herbst verbleiben. Am ersten Novemberwochenende in jedem Jahr findet der Höhepunkt der „Karpfenernte" statt. Das große Abfischen des letzten Teiches wird als Volksfest zelebriert und lockt über tausend Besucher aus nah und fern an. Diese schauen dann den Fischern bei der Arbeit am Neuhöfer Teich zu und können selbstverständlich ihren Wunschkarpfen käuflich erwerben.

Der „Lewitzlachs" (Spiegelkarpfen) ist begehrt bei Mensch und Tier

Lachmöwe im Ruhekleid

Nebelkrähe mit Plötz

Kiebitze

Die Karpfen bzw. die Karpfenteiche üben nicht nur eine große Anziehungskraft auf die Menschen aus. Eine reichhaltige Vogelwelt ist hier ebenfalls zu beobachten. Zunächst sind da die großen Schwärme von Limikolen, der Wat- und Sumpfvögel, die auf den frischen Schlammflächen der abgelassenen Teiche ins Auge fallen und nach Insekten und Würmern suchen. Häufig ist anfangs nur der Kiebitz als massenhaft vorkommende Vogelart zu erkennen. Bei genauer Durchmusterung des Teiches können dazwischen immer noch andere Arten entdeckt werden. Zum Beispiel sind öfter Goldregenpfeifer (manchmal in ebenso großer Anzahl wie die Kiebitze), Bekassinen, Kampfläufer, Rotschenkel, Alpenstrandläufer, Flussuferläufer und der auffällige Große Brachvogel zu sehen. Diese Tiere locken Greifvögel wie den Habicht und sogar den Wanderfalken an. Von ihnen schmarotzen gelegentlich Rot- und Schwarzmilane.

Bekassine

Rotmilan

Eisvogel mit Wasserspinne

Der farbenprächtige Eisvogel ist gleichermaßen auffällig wie scheu. Meistens ist von ihm bloß seine über das Wasser dahinschießende blaue Oberseite zu sehen. Er frisst nicht nur kleine Fische, sondern auch Wasserinsekten. Davon konnte ich mich selbst überzeugen. An einem Oktobertag saß ich mit meiner Fotoausrüstung im Versteckzelt am Ufer eines Teiches, der bis auf einige Wasserpfützen bereits leergelaufen war. In den vorangegangenen Tagen waren dort viele Limikolen auf Nahrungssuche. Es gehört immer Glück dazu, dass sich während des Ansitzens ein paar Tiere in der Nähe des Versteckes niederlassen und so in Reichweite des Objektives gelangen. An diesem Tag wurde meine Geduld reichlich belohnt. Nach einer Stunde des Wartens lief zunächst ein Flussuferläufer direkt an meinem Zelt vorbei, emsig mit dem Schnabel nach Beute stochernd. Dann kehrte erst einmal für längere Zeit Ruhe ein. Ungefähr drei bis vier Meter links neben mir ragte aus einer Pfütze der Zweig eines größeren abgebrochenen Baumastes hervor. Plötzlich saß auf der oberen Kante ein farbenprächtiger Eisvogel. Zunächst ein wenig misstrauisch zu mir herüberschauend, verhielt er sich bald völlig ungezwungen. Ab und zu tauchte er in die Pfütze, um Nahrung zu erbeuten. Jedes Mal landete er wieder auf dem Zweig. Schließlich hatte er eine Wasserspinne im Schnabel, die er mehrfach auf den Zweig schlug und dann hinunter schluckte. Aber das war noch nicht das Ende der Vorstellung. Vielleicht hatte ihn ein Geräusch oder eine kleine Bewegung der Kamera neugierig gemacht; jedenfalls landete der Eisvogel mit einem Mal auf dem etwas aus dem Versteckzelt herausragenden Objektiv. Nur wenige Zentimeter war er nun von meinem durch die Zeltwand vor ihm verborgenen Gesicht entfernt. Der Eisvogel lugte mit schräger Kopfhaltung in den schmalen Sehschlitz zu mir herein und erst nach ein paar Sekunden flog er wieder zurück auf den Zweig. Dass sich mir ein doch sonst so sehr scheuer Wildvogel freiwillig ohne besonderen Grund so dicht nähern würde (ohne Anfütterung und Belagerung der Brutstätte), hätte ich nie für möglich gehalten. In diesem Moment fühlte ich mich als ein Teil der Natur und akzeptierten Bestandteil der Umwelt der hier lebenden Tiere. Es war sehr befriedigend in dieser Situation nicht in der Rolle des Störenfriedes, die der Mensch leider häufig im Naturgeschehen einnimmt, zu stecken.

Flussuferläufer

Saatgänse

Weitere typische Vogelarten der Teiche sind die Graureiher und zum Leidwesen der Fischer auch die Kormorane. Sie werden magisch von den für sie im Überfluss vorhandenen größeren Fischen angezogen. Aber hier endete die Toleranz der Fischer. Aus wirtschaftlichen Gründen sahen sie sich gezwungen, bei der Naturschutzbehörde eine Jagdgenehmigung auf die „Schwarze Pest" zu erwirken. Die Jagd ist zwar zeitlich und räumlich eingeschränkt, aber das laute Knallen der Jagdbüchsen scheucht leider nicht nur die Kormorane auf. Auch andere Vögel werden beunruhigt und verlassen oft aufgeschreckt das Naturschutzgebiet – eine unglückliche Situation. Der mit dem Graureiher verwandte strahlend weiße Silberreiher ist eine Augenweide und um diese Zeit mit bis zu 40 Exemplaren in den halb abgelassenen Teichen zu bewundern. Von Kranich und Storch sind die fliegenden Reiher gut am s-förmig angewinkelten Hals zu unterscheiden.

Im Oktober fallen vor allem die rastenden nordischen Saat- und Blessgänse in der Teich- und Wiesenlewitz auf. Die oft mehrere Tausend umfassenden großen Schwärme sind nicht zu übersehen und zu überhören. Mit etwas Glück kann man dazwischen manchmal auch Nonnengänse entdecken. Die weit-

Nordische Wildgänse auf der Rast

gehend unbesiedelte Lewitzniederung besitzt als unzerschnittener Lebensraum für diese Zugvögel eine große überregionale Bedeutung. Die freie Sicht der fast baum- und strauchlosen Ebene kommt ihnen sehr gelegen; gelingt es Räubern wie dem Fuchs doch nur selten sich heranzuschleichen. Das nährstoffreiche Grünland bietet außerdem ausreichend Nahrung und die Teichflächen einen sicheren Schlafplatz. Da Gänse zeitweilig bejagt werden dürfen, sind sie gegenüber dem Menschen sehr wachsam und scheu. Dicht an den Straßen äsende Gänse sind deshalb am besten vom Auto aus zu beobachten, die Wiesenflächen selbst dürfen ohnehin nicht betreten werden.

Die jetzt ebenfalls rastenden Sing- und Zwergschwäne sind an ihrer gelben Schnabelwurzel gut vom Höckerschwan zu unterscheiden. Der Singschwan ist außerdem etwas größer als der Zwergschwan und besitzt einen bis in die Spitze gelb gefärbten Schnabel, während der Zwergschwan nur an der Schnabelwurzel gelb aufweist. Für alle diese Pflanzenfresser trägt der Mensch hier eine besondere Verantwortung. Daher ist der in der Vergangenheit praktizierte oft rechtswidrige Umbruch von Grünland in Ackerflächen nicht mit dem Schutzzweck und der außerordentlich wichtigen Funktion der Lewitz als einem internationalen bedeutsamen Rast- und Überwinterungsplatz vereinbar!

Bless- und Nonnengans

Seeadler auf dem Teichboden

Der wohl eindrucksvollste und immer mit besonderer Aufmerksamkeit wahrgenommene Vertreter der hier heimischen Vogelwelt aber ist der Seeadler. Wenn er mit seinen bis zu 2,50 m breiten Schwingen auftaucht, erntet er die begeisterten Blicke der oft von weit angereisten Besucher. Die Wasservögel, inklusive die Gänse, verlassen bei seinem Überflug respektvoll Ihren Platz. Das tun sie nicht ohne Grund, denn neben Karpfen greift er sich schon mal ein Blesshuhn oder eine geschwächte Gans. Seit den 1980er Jahren ist eine ständige Zunahme der Konzentration von umherstreichenden Jungvögeln ab September in der Lewitz zu beobachten. Die hier heimischen Brutvögel bekommen dann „Besuch" von ihren Artgenossen aus anderen Gegenden. In besonders adlerreichen Jahren konnte ich schon über 20 Stück zählen, einmal sogar 28 auf einem einzigen Teich. Die Lieblingsplätze der Adler sind die Schlammflächen der teilweise bereits abgelassenen Karpfenteiche. Dort sieht man sie oft zwischen den Kiebitzen und den anderen Limikolen friedlich auf dem Teichboden sitzen. Die Seeadler finden hier paradiesische Nahrungsverhältnisse vor. Die Fische sind in den flachen Wasserresten des gerade im Ablassen befindlichen Teiches eine leichte Beute.

Die Flügelspannweite des Seeadlers beträgt bis zu 2,50 m

Öfter konnte ich folgendes Naturschauspiel beobachten: An einer besonders begehrten trockenen Stelle des Teichbodens, z. B. auf den vereinzelt vorkommenden Betongitterplatten, landen nach und nach mehrere Adler. Die großen Vögel sitzen schließlich dicht gedrängt wie die Geier in Gruppen von bis zu zehn Tieren nebeneinander und scheinen sich genau zu beobachten. Plötzlich fliegen mehrere Tiere auf. Erbeutet nun ein Adler einen Fisch, wird er sofort von einem oder zwei Artgenossen verfolgt und oft im Flug von oben her attackiert. Der Vogel lässt dann meistens sehr schnell den Fisch fallen, manchmal verbunden mit einer imposanten Luftrolle, um dem Konkurrenten die Fänge entgegenzustrecken. Der Fisch wird dann von einem dritten Adler noch in der Luft gegriffen oder erneut aus dem Wasser gefischt und schließlich auf dem Teichboden gekröpft.

Die sitzenden Adler verhalten sich untereinander meist friedlich, allerdings werden diese durch forsch anfliegende Artgenossen oft von ihrem Platz verdrängt und es entsteht eine kurze Unruhe. Sehr gut kann man im Spektiv die verschiedenen Alterskleider der Jungvögel studieren. Auch ein ausgiebiges Bad von einzelnen Individuen in einem Wasserloch gehört zu den interessanten Beobachtungen. Die farbigen Ringe an den Fängen geben dem Kundigen Aufschluss über das Alter und die Herkunft des Adlers, wenn sie unter günstigen Bedingungen erkannt werden. Am rechten Fuß befindet sich der Landesring; bei Mecklenburger Adlern ist dieser beispielsweise gelb und am linken Fuß ist ein meist zweifarbiger Jahresring mit jährlich wechselnden Farben zu sehen.

Neuhöfer Teich

Die Lewitzteiche bieten in dieser Jahreszeit viele weitere spannende Beobachtungsmöglichkeiten.

Sehr gut kann ich mich an eine Wanderung Ende Oktober 2001 erinnern, deren Verlauf ich damals genau notiert habe:

26.10.2001

Seit Wochen ziehen lautstark große Schwärme von nordischen Gänsen über Neustadt-Glewe. In der Dämmerung fallen manchmal Tausende auf dem See zum Schlafen ein. Bis zur völligen Dunkelheit gehen die Gänse mit lautem Geschrei und übermütigen Drehungen scharenweise eine nach der anderen nieder. Morgens steigen die Vögel plötzlich wieder auf, und die meisten fliegen nur ein paar Kilometer weiter nördlich zu den ihnen reichlich Nahrung bietenden riesigen Grünlandflächen der Lewitz. Viele Vogelschwärme gleicher oder anderer Arten sind bereits hier, sie haben auf den Teichflächen die Nacht verbracht. Ich nutze das gute Wetter, um in Begleitung und mit Feldstecher und Fernrohr das Reisequartier dieser und anderer Vogelschwärme aufzusuchen. Ausgangspunkt ist das Gebäude des Binnenfischereibetriebes am Neuhöfer Teich. Unser Weg wird uns durch das als Betriebsgelände kenntlich gemachte Teichgebiet führen, welches gleichzeitig Naturschutzgebiet ist. Das Betreten durch Unbefugte ist deshalb streng untersagt. In begrenztem Umfang werden aber Führungen und Exkursionen von der Naturschutzbehörde und dem Fischereibetrieb genehmigt. Nach 100 m Wanderung stehen wir am Teichrand. Im Neuhöfer Teich, der bei der Rekonstruktion Anfang der 1980er Jahren schonend behandelt wurde, befinden sich viele verinselte Dämme, die mit Bäumen und Schilf bewachsen sind. Daher entsteht der Eindruck eines natürlichen Gewässers. Die Sonne haben wir im Rücken, sie lässt das gelblichrote Laub der Bäume kräftig leuchten. So herrschen bei unseren Beobachtungen beste Bedingungen. Der Teich ist bis auf einige Wasserlachen abgelassen. Einige Inseln werden durch die Erosionskraft des Wassers langsam abgetragen, man kann bereits zwischen die Wurzeln der Bäume hindurchschauen; sie werden wohl bald ganz verschwinden.

Graureiher Jungvogel links, Altvogel rechts

Die reichhaltig anwesende Vogelwelt ist bereits mit bloßem Auge auszumachen. Auffällig sind zunächst die Graureiher und Kormorane. Obwohl diese zum festen Inventar dieses Gebietes gehören (vom Graureiher gibt es hier in der Nähe eine Kolonie mit mehr als 100 Brutpaaren), sind wir doch erstaunt über die große Ansammlung, die wir heute feststellen. Wir zählen von jeder Art über 100. Sie sitzen über den ganzen Teich verteilt auf den Betonpfählen der ehemaligen Entenmastanlage *(Bild oben)*, am Boden direkt an den Pfützen oder auf den Bäumen der Dämme. Diese sind teilweise durch den ätzenden Kot der Kormorane weiß gefärbt, viele sogar abgestorben. Da die Sonne scheint, haben viele Kormorane eine für sie sehr typische Körperhaltung eingenommen. Sie lassen mit halbgeöffneten Schwingen ihr Gefieder trocknen. Das ist notwendig, da diese Vögel ihr Federkleid, um besser tauchen zu können, nicht wie andere Arten einfetten und so völlig durchnässen.

Graureiher bei der Gefiederpflege

Kormoran auf der Jagd, links Graureiher in Ruhestellung

Kormoran beim Sonnenbad

Bereits ohne Fernglas erkennen wir im weiter entfernten Bereich des Teiches einen schneeweißen Vogel. Von der Farbe und der Größe her käme nur ein Schwan in Frage, aber die Körperform passt nicht zu diesem. Im Fernglas lässt sich dann eindeutig erkennen, dass es ein Reiher ist. Man könnte ihn für einen Albino halten. Erst im Fernrohr entfaltet der Vogel seine ganze Pracht und es werden Einzelheiten sichtbar: Der orange-gelbe Schnabel und die gelbe Iris des Auges fallen sofort auf. Eindeutig ein Silberreiher! Wenig später können wir dann noch einen zweiten, dritten und sogar vierten beobachten.

Silberreiher

Nachdem wir uns an den Reihern satt gesehen haben, führt uns unser Marsch auf einen Damm zwischen dem Neuhöfer Teich und den links von diesem liegenden Hälterteichen zur Schleuse im Friedrich-Franz-Kanal (Abschnitt der Müritz-Elde-Wasserstraße). Von dort geht es direkt auf dem hohen Deich des Kanals entlang in Richtung Dütschower Brücke *(Bild unten)*. Hier folgt nun ein großer rechteckiger Teich dem anderen. Diese Teiche besitzen einen völlig anderen Charakter als der Neuhöfer. Sie sind stärker der intensiven Teichwirtschaft angepasst (rekonstruiert) worden, weisen keinen Baumbewuchs und kaum Schilfflächen auf. In ihnen befinden sich nur ein paar künstlich zusammengeschobene Damminseln, welche mit Büschen bewachsen sind. Da die Zugvögel aber nicht brüten wollen, sondern nur Interesse an den reichlich Nahrung spendenden Schlammflächen haben, finden sie sich auch hier zahlreich ein. Die gewaltige schwarze Oberfläche des nun vor uns liegenden völlig abgelassenen Teiches könnte auch zu einem anderen Planeten gehören, so eigenartig wirkt sie auf uns. Als wenn sich heute die Vogelarten die Teiche aufgeteilt haben, sehen wir jetzt ausschließlich Limikolen (Schnepfenvögel) und nicht einen Graureiher oder Kormoran. Die weitaus häufigste Art ist hier der Kiebitz. Mehrere hundert, wenn nicht gar tausend suchen emsig nach Nahrung. Von einer der auffälligsten und schönsten Limikolenart, dem Großen Brachvogel mit seinem langen nach unten gebogenen Schnabel, zählen wir 15. Es wäre schön, wenn im Frühjahr regelmäßig einige hier blieben und wieder brüten würden, denke ich. In gewissen Zeitabständen fliegen fast alle Vögel auf, sehr schön leuchtet dann die kontrastreiche schwarz-weiße Unterseite der in großer Anzahl synchron fliegenden Kiebitze *(Bild links)*. Die verschiedenen Schwärme vermischen sich teilweise und kurz darauf setzen sich die Tiere an einer anderen Stelle im Teich nieder.

Dütschower Brücke

Saat- und Blessgänse beim Einfall in die Fischteiche

Jetzt suchen wir von neuem die Vogelgruppen ab, erfahrungsgemäß entdeckt man nach einem solchen Manöver eine andere Vogelart. Tatsächlich sehen wir jetzt einige Rotschenkel und Goldregenpfeifer. Bekassinen und Alpenstrandläufer sind heute nicht dabei; die konnten wir dafür in den vergangenen Wochen beobachten. Weiter geht es zum nächsten Teich. Dieser wurde nach dem Abfischen für die Gänse wieder halb mit Wasser gefüllt. Der Teich ist dann auch von über tausend Saat- und Blessgänsen besetzt, die sich durch ihr Geschrei schon von weitem angekündigt haben. Dazwischen schwimmen einige Zwerg- und Singschwäne, Reisende aus der Tundra. Außerdem sehen wir Löffel-, Stock- und Krickenten, Haubentaucher und Gänsesäger. Die unterschiedlichen Wasserstände der Fischteiche begünstigen die auffällige Merkwürdigkeit, dass sich heute an jedem Teich nur eine bestimmte Sorte von Vögeln aufhält. Um einen Blick über den Kanal auf die Wiesenlandschaft zu werfen, drehe ich mich um. Zufällig fliegt in diesem Augenblick ein mittelgroßer Greifvogel mit langem Stoß und kurzen kompakten Schwingen in nicht allzu großer Höhe an mir vorbei. Jetzt zählt jede Sekunde! Automatisch wird der Vogel anvisiert und mit dem Feldstecher erfasst. Im optimalen Licht der Sonne ist sehr deutlich ein stechend orangegelbes Auge und die dunkle feine charakteristische Querbänderung der sonst weißen Unterseite zu erkennen – ein Habicht. Dieser Überraschungsjäger ist im Gegensatz zum Mäusebussard in der Wiesen- und Teichlewitz sehr selten zu beobachten. Jetzt zur Zugzeit sieht man ihn mit etwas Glück Jagd auf die gefiederten Gäste an den Teichen machen. Auch dieser Habicht wird ein Gast aus dem Norden oder

Osten sein. Beim Weitergehen vernehmen wir aus dem Schilf am Teichrand markante Vogelrufe. Eine Minute verstreicht, bis wir erst eine und dann noch ein paar weitere Bartmeisen zwischen den Schilfhalmen entdecken können. Besonders der Anblick der Männchen der immer in kleinen Trupps umherziehenden Bartmeisen begeistert uns jedes Mal aufs Neue. Tatsächlich besitzen diese auffallend gefärbten und durch ihre geringe Fluchtdistanz manchmal fast zutraulich wirkenden Tiere einen schwarzen „Backenbart". Schließlich gelangen wir zur Dütschower Brücke und genießen kurz die herrliche Aussicht auf die Teiche und die Spornitzer Wiese.

Weiter wandern wir bis zur ornithologischen Station, um dort links auf einen sehr schön mit Erlen und Birken umsäumten nicht asphaltierten Damm abzubiegen. Ein Eisvogel schießt, einen schrillen kurzen Ruf ausstoßend, den parallel zum Weg verlaufenden Kanal entlang. Seine Oberseite funkelt wie ein Edelstein in glänzendem Blau. Außerdem begegnen wir dem Kleiber, Blau- und Schwanzmeisen und dem Zaunkönig. Am völlig abgelassenen Teich vor dem Schremmberg machen wir unsere letzte Station. Zunächst wirkt dieser bis auf einige Lach- und Silbermöwen leer und eintönig. Doch dann können wir ihn sofort erblicken – den König der Lewitz. Eigentlich längst überfällig, sehen wir endlich einen Seeadler auf dem Boden des leeren Teiches sitzen. Er ist in der Lewitz keine Seltenheit, dennoch ist sein Anblick für uns immer noch ein Höhepunkt bei jeder Wanderung. Seine bräunliche Färbung hebt ihn kaum von der des Bodens ab, und so wird er in erster Linie aufgrund seiner Größe bemerkt. Nach genauer Suche mit dem Fernglas können wir schließlich insgesamt zehn Seeadler in den einzelnen Winkeln des großen Teiches entdecken – alles Jungvögel in verschiedenen Alterskleidern. Bezeichnender Weise bevorzugen es heute auch die Seeadler, unter sich zu sein und nehmen einen eigenen Teich in Besitz. *(Auf dem unteren Bild sind links zwei Jungvögel und rechts ein Altvogel zu sehen.)* Zum Schluss waren wir uns einig, dass dieser Tag ein besonderer war. Zwar sahen wir die einzelnen Vogelarten heute nicht zum ersten Mal, aber noch nie in dieser Konstellation und selten unter solchen optimalen Sichtbedingungen. So ist letztendlich zur Zugzeit der Vögel jede ausgedehntere Wanderung durch die Lewitz ein einmaliges und unvergessliches Naturerlebnis.

Winter

Eine Wanne voll Schnee

Zur Weihnachts- und Silvesterzeit sorgt in so manchem Haushalt und in den Gaststätten ein schmackhaft zubereiteter Lewitzkarpfen für Festtagsstimmung. Auch jetzt lohnen sich für den Naturfreund Ausflüge in die Heimat dieser Schuppentiere.

Jedes Jahr gibt es Tage oder sogar Wochen, in denen sich im Winter auch die große „Lewitzwanne" mit Schnee füllt und die Ebene in ein prächtiges weißes Gewand hüllt. Speziell die vegetationsfreien großen Karpfenteiche und Wiesen der weiten Ebene besitzen dann vor allem bei einsetzenden Schneestürmen den Charme der Polarregionen. Statt Eisbären und Rentieren bevölkerten in der Vergangenheit zunächst noch Braunbären und Elche das Gebiet. Bären, Luchse und Wölfe mussten aber bald dem noch größeren Raubtier „Mensch" weichen, nachdem er zuerst den Urwald abholzte und den letzten Wolf um 1800 erlegt hatte. Hier war unseren Vorfahren der Winter ein guter Verbündeter, da es in der damals völlig versumpften Lewitz größtenteils nur bei gefrorenem Boden möglich war, Holz einzuschlagen und zum Abtransport zu den Flößgräben sowie zur Stör und Elde zu befördern.

Vom idyllisch verschneiten Jagdschloss in Friedrichsmoor *(Bild unten)* gelangt man zu Fuß in die Waldlewitz. Frei von Ortschaften und Straßen herrschen hier Abgeschiedenheit und Ruhe. Wer sich ebenfalls ruhig verhält, begegnet manchmal einem Rotwildrudel. Bis ungefähr Ende Februar trägt der Hirsch noch sein imposantes Geweih, welches er dann abstößt bzw. verliert. Auch Wildschweine sind im Unterholz bisweilen auszumachen. Im Schnee zurückgelassene Fährten lassen auf weitere Wildtiere schließen, der Gebrauch eines speziellen Bestimmungsbuches kann dabei sehr aufschlussreich sein.

Vom Jagdschloss Friedrichsmoor aus erschließt sich dem Wanderer der märchenhafte Winterwald

Goldenstädter Damm und Breiter Graben

Die offene Landschaft der Lewitz präsentiert weitere interessante Ansichten. Nach dem Abtrieb der Pferde- und Rinderherden im Herbst fallen jetzt in der weißen, übersichtlichen Umgebung Rehe und Füchse mehr als zu anderen Jahreszeiten auf. Der Fuchs in seinem dichten, stattlichen Winterpelz wühlt im Schnee nach Mäusen. Rehe finden sich nun nicht selten in Sprüngen von mehreren Dutzend Stück zusammen. Sie ziehen gemeinsam durch die „Wiesentundra“ und äsen dabei das teilweise durch den Schnee ragende alte Gras ab.

An den eisfreien Gräben lauern indessen häufig Graureiher und Eisvögel auf Beute. Eine Rarität, die sich regelmäßig im Winter in der Lewitz einstellt, ist die Kornweihe, ein bussardgroßer Greifvogel. Das Männchen ist schneeweiß, hebt sich aber bei seinem dicht über dem Boden führenden Beuteflug gut durch die schwarzen Flügelspitzen von der Umgebung ab. Ungewöhnlich ist der Anblick eines Trupps von langbeinigen, etwa krähengroßen Vögeln. Der Blick durchs Fernglas bringt Gewissheit, es sind keine Lewitzpinguine, sondern über 30 Große Brachvögel. Die langen abwärts gebogenen Schnäbel verschwinden beim Stochern nach Nahrung bis zum Kopf im Schnee. Normalerweise kann man diese Vogelart, noch dazu in dieser großen Anzahl, nur zur Zugzeit im Frühling und besonders im Oktober auf den abgelassenen Karpfenteichen im Schlamm nach Insekten und Würmern suchen sehen. Die Lewitz steckt eben zu jeder Jahreszeit voller Überraschungen!

Eisvogel

Rotfuchs

Große Brachvögel

Ein Sprung Rehe

Müritz-Elde-Wasserstraße bei Neustadt-Glewe

Gänsesäger

Kormoran

Für die Wasservogelwelt ist nun der Neustädter See ein wichtiges Rückzugsgebiet, da die Zentrallewitz bis auf die großen Kanäle keine größeren Wasserflächen mehr aufweist. Bei Dauerfrost gibt es in der Mitte des Sees auch nur noch ein immer kleiner werdendes Restwasserloch. Hier schwimmen oft dicht gedrängt verschiedene Entenarten, Höckerschwäne, Saat- und Blessgänse und andere Eisbader hin und her. Dadurch können sie das völlige Zufrieren des Sees hinauszögern. Auf dem Eis am Rand sitzt manchmal ein Seeadler, der von dem vielfältigen Nahrungsangebot profitiert. Bei weiter anhaltenden tiefen Minusgraden friert schließlich auch der See zu. Dann finden sich an den nur noch vereinzelt verbliebenen offenen Wasserstellen, oft auch mitten in der Stadt, viele verschiedene Wasservögel auf kleinem Raum ein – eine gute Gelegenheit für Beobachtungen. Gänsesäger, Stock- und Tafelenten, Zwergtaucher, Bless- und Teichhühner, Graureiher und sogar der seltene Eisvogel versammeln sich dann beispielsweise an einem Eldearm bei Neustadt-Glewe. Dessen Wasser zwängt sich sprudelnd durch ein schmales Wehr und verhindert durch die hohe Fließgeschwindigkeit ein Zufrieren. Auch ein Dutzend Kormorane hielten sich schon einmal im Uferbereich auf, ein für andere Jahreszeiten ungewöhnlicher Anblick.

Zwergschwäne

Ein paar Karpfenteiche in der Lewitz wurden für die Wasservögel nach dem Abfischen im Herbst wieder mit Wasser gefüllt. Sofern diese nicht zugefroren sind, finden sich hier u. a. manchmal auch nordische Sing- und Zwergschwäne ein. Diese Schwäne sind echte Wintergäste, die uns im Frühling bereits wieder verlassen, ebenso wie der hübsche Seidenschwanz. Dieser starengroße Singvogel kam früher nur in einigen Wintern, dann jedoch in großen Scharen zu uns und wurde deshalb auch als Invasi-

Blaumeise

Feldsperling

Kohlmeise

onsvogel bezeichnet. In den letzten Jahren konnte während der kalten Jahreszeit aber regelmäßig ein Schwarm von bis zu über 40 Tieren in der Lewitzstadt Neustadt-Glewe gesehen werden. Die Seidenschwänze leben hauptsächlich von den Beeren der hier in den Bäumen häufig vorkommenden Mistel. In der Stadt und in den Dörfern stellen sich jetzt auch noch weitere bunte Gesellen ein: An den Futterhäuschen tummeln sich häufig Kohl- und Sumpfmeisen, Grünfinken, Sperlinge und Amseln. Besonders das leuchtende Hellblau der possierlichen Blaumeise bietet einen wundervollen Kontrast zum Schnee. Daneben sieht man auch immer einmal Raritäten wie den Kernbeißer oder den Bergfink. Der Nutzen solcher Fütterungen für die Vögel ist umstritten; auf der anderen Seite lassen sich viele Vogelarten nur im Winter so gut beobachten und damit kennen lernen. Damit kein größerer Schaden für die Tiere entsteht, sollte der Futterplatz einige Minimalvoraussetzungen erfüllen: Er muss regelmäßig gesäubert werden, katzensicher sein und es sollte auch nur bei Schnee und großer Kälte – dann allerdings regelmäßig gefüttert werden. Ein weitaus besserer Schutz für unsere Singvögel ist es aber, im Garten oder auf dem Grundstück ein paar Hochstauden- und Heckengewächse anzupflanzen und sie im Herbst stehen zu lassen.

Der Winter verabschiedet sich nur zögerlich aus der den Frost anziehenden Lewitzsenke. Aber auch hier müssen Schnee und Eis der immer länger und wärmer scheinenden Sonne schließlich weichen.

Bis 1800 gingen in der Lewitz noch Wölfe auf die Jagd (Szene mit Schäferhündin „Dina" nachgestellt)

Die Entstehung der Kulturlandschaft

Nachdem wir die Naturschönheiten der Lewitz kennen gelernt haben, ist es nun an der Zeit, sich der einzigartigen Entwicklungsgeschichte dieser alten vom Menschen geformten Landschaft zuzuwenden. Wie ist das heutige Erscheinungsbild der Lewitz entstanden?

Besiedlung des Sumpfes

Dem „kalten Fieber" getrotzt

Das Kerngebiet der Lewitz war zu keiner Zeit für den Menschen als Siedlungsplatz sehr attraktiv. Noch bis ins 20. Jahrhundert hatte die Lewitz den Ruf als das Land der Schlangen, der Mücken und des Rheumas. Sie war sehr schwer zugänglich, ein von Flüssen, Kanälen und Gräben durchzogenes Bruch- und Waldgebiet voller ausgedehnter Moorsümpfe. Es wurde im 19. Jahrhundert berichtet, dass viele Menschen, die sich in der Nähe der Feuchtwiesen niederließen, unter einem üblicherweise ein Jahr andauernden, aber meist unschädlichen „kalten Fieber" litten. Nach diesem Jahr soll eine Gewöhnung stattgefunden haben. Die größeren Lewitzranddörfer, die an Einwohnerzahl zu den bedeutendsten Mecklenburgs gehörten, befinden sich deshalb alle auf erhöhten Sandinseln in einem Kreis rund um die Niederung.
Die ursprüngliche Lewitz stellte für die Menschen allerdings eine sichere Zufluchtsstätte in den vielen verschiedenen Kriegen dar. So schufen sich die Wenden vor ungefähr 1000 Jahren eine ihrer vielen Fluchtburgen mit Wall- und Grabenanlage mitten im wasserreichen Waldgebiet auf der „Gaartz". Für das von Jagd und Fischfang lebende Naturvolk war die sumpfige Niederung zugleich auch ein unerschöpfliches Jagdgebiet, wovon sich die heutige Bezeichnung „Lewitz" ableitet. Auch den Menschen des späten Mittelalters diente dieses sehr wildreiche Gebiet hauptsächlich zur Jagd und gelegentlich als Zufluchtsort in Kriegszeiten. Dazu kam die Nutzung des Waldes als Viehweide für Schweine, Schafe, Ziegen und Pferde bis hin zur Gründung des Hauptlandesgestüts auf dem Settiner Hof durch Herzog Johann Albrecht I. um 1560. Außerdem entstand im 16. Jahrhundert der erste Tiergarten. Der ungeheure Wildreichtum ist durch die Zahl der sich während der Sommerzeit in der Lewitz aufhaltenden Rothirsche belegt: Noch in den 1830er Jahren wurden 3000 Tiere geschätzt. Das Weidwerk war alleiniges Recht der Landesfürsten. Die Bauern der Umgebung mussten die Jagdbediensteten und die

Tausendjährige Wundereiche (um 1915)

Die Wulfshorster Räumde in der Nähe von Friedrichsmoor

Hunde aufnehmen und auch Treiberdienste leisten. Das Jagdschloss als erste menschliche Behausung im Zentrum der Lewitz entstand in seiner Urform 1705 als einfaches Blockhaus. Zu seiner Entstehung gibt es eine Sage: Als Herzog Friedrich erfahren hatte, dass an der Stelle, wo jetzt Friedrichsmoor liegt, ein Köhler haust, begab er sich dorthin. Er fand den Köhler schlafend in der hohlen uralten Eiche. Der Herzog erweckte ihn und fragte ihn nach seinem Namen, worauf dieser entgegnete, dass er Friedrich heiße. Da sagte der Herzog lachend: „Na, da du so wie ich Friedrich heißt und im Moor wohnst, soll dieser Ort Friedrichsmoor heißen, und ich will hier ein Schloss bauen lassen." Die etwa tausendjährige Wundereiche hatte einen Umfang von 8,40 m und stand als völlige Ruine noch bis 1918 in der Nähe des Jagdschlosses. Auch das älteste im Landeshauptarchiv Schwerin gefundene Bilddokument zeigt fünf ungewöhnliche Wuchsformen von Bäumen aus der Gegend um Friedrichsmoor. In dem Text

Zeichnung über Wuchsformen von Bäumen von G. Schroeder (1804)

neben der Zeichnung aus dem Jahr 1804 wird eine genaue Beschreibung dieser Kuriositäten gegeben. Doch zurück zum Jagdschloss: Dieses wurde anfänglich nur einmal jährlich 14 Tage im Herbst genutzt, die restliche Zeit des Jahres stand es leer. Herzog Friedrich erbaute das heutige Jagdschloss Ende des 18. Jahrhunderts. Außerdem entstanden der Forsthof sowie mehrere Forstkaten. So entwickelte sich die Ortschaft Friedrichsmoor. Etwa zwanzig Dörfer des Lewitzgebietes mussten anteilmäßig Gespann- und Handdienste leisten. Das Bauholz wurde von den Bauern unentgeltlich angefahren, für die Handarbeiten erhielten sie dagegen eine Vergütung. Das Leben in Friedrichsmoor war damals nicht unproblematisch. Bis ca. 1810 überfluteten die sich aufgrund des geringen Gefälles träge und in vielen Windungen schlängelnden Flüsse Elde und Stör die Niederung regelmäßig. Es bildeten sich monatelang große Stauwasserseen, die bei großen Regenfällen sogar das ganze Jahr überdauerten. Das erschwerte die Jagd. Die Jäger waren gezwungen, ihr erlegtes Wild oft schwimmend oder mit Kähnen zum Jagdschloss zu befördern. Ebenso mussten die Bewohner von Friedrichsmoor ihr Trinkwasser, welches sie aus der Stör gewannen, per Pferd holen, da sie zu Fuß nicht dorthin gelangen konnten.

In der zweiten Hälfte des 18. Jahrhunderts wird auf allen Ebenen in und um Friedrichsmoor viel gebaut und melioriert, auch Heuscheunen entstehen verteilt im gesamten Lewitzbereich. Die Scheunen nutzte man für die Unterbringung von gutem Wiesenheu für die herzoglichen Marställe. Die sozialen und kommunalen Anliegen der Dorfschaft Friedrichsmoor waren Sache der in der Oberförsterei Friedrichsmoor stationierten Oberförster. 1873 wird schließlich der damals 44-jährige Forstmeister Peterson Gemeindevorsteher. Ab 1874 wohnten in Friedrichsmoor insgesamt zwischen 50 und 60 Menschen.

Gemälde vom Jagdschloss Friedrichsmoor von E. H. von Stenglin (um 1910)

Die finanziellen Mittel waren in der Ortschaft zur damaligen Zeit sehr knapp. Dennoch konnten soziale Leistungen durchgesetzt werden. Oberforstmeister Peterson fand dafür trotz des dadurch entstandenen Defizits in der Gemeindekasse Mittel und Wege. Im Jahr 1901 verstarb Oberforstmeister Peterson als ein geachteter Waldbauer und verehrter Gemeindevorsteher der Ortschaft Friedrichsmoor. Der Gedenkstein, welcher in der Nähe des Jagdschlosses vom Großherzog errichtet wurde und an seine Dienstzeit erinnert, ist bis heute erhalten. Die Innschrift ist allerdings durch Alterungsprozesse der Schrifttafel sehr schwer zu entziffern.
Sie lautet:

Oberforstmeister

Peterson

Friedrichsmoor 1864 – 1901

Dem Andenken

des braven Waidmannes und

treuen Dieners gewidmet

von seinem Landesherrn.

Die Nachfolge als Vorstand des Forstamtes und als Gemeindevorsteher von Friedrichsmoor trat 1902 Forstmeister Freiherr von Maltzahn an, der diese Ämter bis 1933 ausübte. Er war ein leidenschaftlicher Jäger und ein engagierter Naturschützer der ersten Stunde.
Eine zentrale Bedeutung für das Leben der Dorfbevölkerung besaß der Versteigerungspavillon in Friedrichsmoor (stand bis Ende der 1960er Jahre) mit dem in der Nähe befindlichen Dorfkrug. Neben der Verpachtung der Wiesen und den Holzversteigerungen fanden hier mehrmals im Sommer Tanzveranstaltungen statt. Dazu wurde der Fußboden extra mit Rollparkett versehen. Ein weiteres Vergnügen für die Dorfbevölkerung war es, an der Mittelschleuse mit Kähnen zum Möwenteich überzusetzen und dort zum Verzehr Lachmöweneier zu sammeln. Die Bewohner von Goldenstädt und Tuckhude sammelten dagegen die wohlschmeckenden Kiebitzeier in der versumpften Umgebung der heute leider verschwundenen Alten Stör. Da beide Vogelarten damals sehr häufig vorkamen, konnten sie diesen Mundraub allerdings durch Nachgelege ausgleichen.

Petersondenkmal

Holzfest in Friedrichsmoor

Den Trinkwasserbedarf in Friedrichsmoor deckten mittlerweile zwei tiefe Brunnen. Allerdings war das Wasser sehr eisenhaltig. Dieses Problem trat auch im fünf Kilometer entfernten Tuckhude auf. Hier hatte das Brunnenwasser zudem eine sehr starke Braunfärbung, so dass die Wäsche dort noch bis in die 1930er Jahre in den sauberen, größeren Kanälen, wie dem Ludwigsluster Kanal oder mit Regenwasser gewaschen wurde. Die Kanäle dienten den Kindern auch als Badestelle. Außerdem gab es hier einen großen Reichtum an Fischen – eine willkommene Bereicherung für die Speisekarte der Bewohner der Lewitzdörfer.

Als eine der letzten Ortschaften wurde Friedrichsmoor erst 1952 an das Lichtnetz angeschlossen. Nichts erinnert gegenwärtig mehr an diese Erschwernisse in der Vergangenheit.

Seit 2003 strömen im September Tausende Besucher zum Holzfest nach Friedrichsmoor, welches das Forstamt Friedrichsmoor und der Stadtforst Neustadt-Glewe als ein vielfältiges und lehrreiches Spektakel zum Thema Wald, Holz und Jagd organisieren.

Wäscherin am Ludwigsluster Kanal (1937)

Entstehung der Wiesen- und Teichlewitz

Der Urwald lichtet sich

Bis etwa zu Beginn des 16. Jahrhunderts gab sich der Mensch mit der Nutzung der naturbelassenen, fast vollständig vom Wald bedeckten, sumpfigen Lewitzniederung zufrieden. Dann begann er verstärkt die Landschaft seinen Bedürfnissen anzupassen und umzugestalten. Um den steigenden Holzbedarf zu decken, rodete er seit dieser Zeit, zunächst im Zuge eines regelrechten Raubbaus, große Flächen ab. Holz wurde dringend und in großen Mengen für die sich entwickelnde Industrie als Bau- und Brennstoff und für den Schiffbau benötigt. Dafür schaffte man den begehrten Rohstoff, gefragt waren besonders die Eichen, teilweise sogar bis nach Hamburg, Lübeck und Rotterdam. Anschließend folgte eine bescheidene Entwässerung durch die Vertiefung von Elde und Stör sowie durch die Anlage kleinerer Gräben und Kanäle. Dadurch konnten dann vorerst vor allem in den Lewitzrandbereichen Wiesen zur Heugewinnung genutzt werden. In einem Gutachten einer auswärtigen Kommission von 1820 wird empfohlen, auch die stark entholzten, zentraler gelegenen Gebiete in Wiesenland umzuwandeln. Eine Aufforstung stellte sich als unrentabel dar. So entstand die zunächst allerdings noch von hohen Grundwasserständen sehr beeinflusste Wiesenlewitz. Die Menschen ernährten sich zu diesem Zeitpunkt bereits hauptsächlich von der Viehzucht und somit von den Heuerträgen der Wiesenlewitz. Die Weidenutzung war weitgehend der Wiesennutzung gewichen. Da die Landwirtschaft damals noch keinen künstlichen Dünger kannte und auf Sandböden nur geringe Erträge erzielt wurden, galt die Heuernte in der moorigen Lewitz als besonders lukrativ. Allerdings war aufgrund des späten Einzugs des Frühlings und des mageren Sanduntergrundes im Allgemeinen nur ein Schnitt im Jahr möglich. Gras konnte damals außerdem lediglich auf den höher gelegenen Flächen der Niederung von Hand gemäht werden und das auch nur mit an Füßen gebundenen Brettern, um ein Einsinken im aufgeweichten Moorboden zu verhindern.

Im Zuge der Kanalarbeiten für die Schifffahrt von 1831-1837 fand die erste größere Entwässerung der Sümpfe statt. Es folgten Stubbenrodungen und größere Kanalbauten, wie z. B. der Banzkower (1842) und der Brenzer Kanal (1863), mit dem vorrangigen Ziel der Be- und Entwässerung. Der große Lewitzsumpf wurde tragfähiger und konnte nun zumindest bei trockener Witterung leichter (ohne Bretter) betreten werden. Einige Flächen der nördlichen Lewitz, von Banzkow bis Mueß, eigneten sich jetzt sogar für den Ackerbau. Das Gebiet zwischen Goldenstädt, Tramm und Neustadt-Glewe aber blieb bis auf die Waldungen und Weiden im Wesentlichen eine Wiesenlandschaft. Seit 1835 berieselte (flutete) man diese Wiesen im Frühjahr und Herbst zur Steigerung der Grünlanderträge etwa sechs Wochen lang durch ein anwachsendes schachbrettartig verlaufendes Kanalsystem. Erst ab dem ersten Weltkrieg ersetzte mineralischer Dünger die Berieselung.

Nasse Lewitzwiese im Frühjahr

Heraustragen des Heus

Beladen des Heuwagens

Abtransport des Heus mit dem Kuhgespann

So menschenleer und verlassen die Lewitz den größten Teil des Jahres auch war, zur Heuernte von Mitte bis Ende Juni war sie übersät mit fleißigen Menschen, hochbeladenen Heuwagen und Heuhaufen. Ganze Familien arbeiteten auf den vom Herzog gepachteten Wiesenflächen. Dazu fanden sie sich am frühen Morgen mit ihren gewöhnlich mit Kühen bespannten Fuhrwerken von den entlegensten Orten ein und fuhren erst am Abend wieder nach Hause. In einer langen Reihe zogen dann die beladenen Wagen am Friedrich-Franz- oder Störkanal entlang. Für die Bewohner aus den entfernteren Dörfern war der tägliche Heimweg zu weit. Sie errichteten sich als Nachtlager Hütten aus Laub und Schilf. Überall flackerten Holzfeuer auf, an denen das Abendmahl bereitet wurde. Das Heuen war im Vergleich zu anderen bäuerlichen Tätigkeiten nicht die schwerste und die Mittagszeit dehnte sich oft zu einem Mittagsschlaf auf weichem Heupolster im Schatten aus. Es mangelte oft nicht an Vergnügen und guter Verpflegung. So war die Heuernte eine Festzeit für die Bewohner der Bauerndörfer. Im „Norddeutschen Korrespondenten" wurde 1858 über das Treiben auf den Wiesen wörtlich folgendermaßen berichtet: „Freundliche Grüße und lauter Zuruf hallen durch die Luft, vor allem aber das donnernde Juchhe, welches der Branntweinflasche, der leider wohl zuviel zugesprochen wird, gilt und weit umher bei allen Schnapsliebenden sein Echo findet. Da zieht die arbeitsrüstige Jugend des Morgens früh mit ihren alten, hübschen Volksmelodien, wozu ihnen nur bessere Texte zu wünschen wären, aus und des Abends spät heim."

Die damalige Heuernte offenbarte ihre großen Schattenseiten dagegen bei regnerischem Wetter. Ohne großen Schutz mussten dann die Arbeiter die Regenfälle überstehen. Der torfige Boden weichte sofort auf und bedeckte sich dermaßen mit Wasser, dass das gemähte Gras auf einer Bahre eine große Entfernung zu einem wasserfreien Ort zum Trocknen getragen werden musste. Dabei versanken die Arbeiter stellenweise bis zur Hüfte im Morast.

Die renovierte Wiesenmeisterei in Tuckhude heute

Nachdem nun die Wiesenflächen gewaltige Ausmaße angenommen hatten, war es erforderlich dafür eine eigene Verwaltung zu schaffen. 1862 bekam die Lewitz auch schließlich eine eigenständige Lewitzwiesenverwaltung (LWV), die qualifizierte Angestellte und Arbeiter einstellte und einem Wieseninspektor unterstand. Die Aufgaben der LWV bestanden in der Verpachtung der Wiesenabschnitte zur Vor- und Nachmahd im Versteigerungspavillon in Friedrichsmoor. Außerdem musste nach regelmäßiger Beobachtung des Wasserstandes die Be- und Entwässerung durch die Regulierung der Staue und Schleusen sichergestellt werden. Dazu gehörte auch die zwei- bis dreimal im Jahr durchgeführte Räumung aller Gräben sowie die Unterhaltung der Bauwerke und der Wege. Die Pflege und Düngung der Wiesen sowie die Beaufsichtigung der Heuwerbung waren weitere Aufgabenschwerpunkte. Die Lewitzwiesenverwaltung beschäftigte dazu 1925 einen Wiesenbaumeister, fünf Wiesenwärter, einen Chausseewärter, zwei Motorführer, 48 ständige Arbeiter und zwei Wiesenmeister. Die Wiesenmeister hatten ihre Dienstwohnungen in Tuckhude und an der Mittelschleuse. 1934 erfolgte die Aufteilung der Lewitzwiesen, die von 1935 bis 1954 an die Gemeinden verpachtet wurden. Die Verwaltung ging auf die Kreise Parchim, Schwerin und Ludwigslust über. Die LWV löste sich daraufhin auf.

Die Wiesenmeisterei in Tuckhude (um 1906)

Wiesenmeister Heiser mit den Arbeitern Möller, Kluth und Hinrichs (1938)

Johanna Auge, die Enkelin des vorletzten Wiesenmeisters aus Tuckhude, stellte mir einige Fotos zur Verfügung und konnte interessante Begebenheiten aus der damaligen Zeit berichten. Auf der alten Postkarte (um 1906) ist die Familie des Wiesenmeisters Puls vor der 1862 erbauten Wiesenmeisterei in Tuckhude zu sehen. Johann Puls bekleidete dieses Amt von 1901 bis zu seinem Tod 1926. Er wurde in diesen Beruf quasi hineingeboren - bereits sein Vater war Wiesenmeister mit Dienstsitz in der Mittelschleuse. Sein Gehalt betrug 1911 übrigens 1.084,- Mark netto im Jahr. Außerdem war ihm jährlich eine Dienstmütze auf herrschaftliche Kosten zu gewähren. Auf der links angrenzenden von alten Kastanien, Eichen und Pappeln umsäumten Friedrichsmoorschen Allee kam nur selten ein Fuhrwerk vorbei, so dass man vom Verkehr ungestört auf ihr spazieren, spielen oder am Rand sitzen konnte. Ein besonderes Ereignis für die Dorfbewohner war es, wenn der Herzog bei seinen Jagdausflügen Station an der Wiesenmeisterei machte. Auf dem Weg von seiner Wochenend-Residenz im Schloss in Ludwigslust zum Jagdschloss nach Friedrichsmoor hatte er hier die letzte Möglichkeit Proviant aufzunehmen. Die Bewohner von Tuckhude nutzten ihre privilegierte Wohnlage auch schon einmal aus, um ihrem Regenten ihre Sorgen mitzuteilen, für die der Herzog ein offenes Ohr gehabt haben soll. Bis 1994 diente die Wiesenmeisterei noch als Wohnhaus. Heute stehen wir vor einem renovierten Gebäude, welches in eine agrarhistorische Bildungsstätte umgewandelt wurde. Die Stadt Neustadt-Glewe verpachtet bzw. bewirtschaftet den Komplex. Zwei Ferienwohnungen, ein Schulungsraum und ein Museum fanden im Hauptgebäude und in der ebenfalls renovierten Scheune mit Tenne Platz. Die Räumlichkeiten sind außerdem für Vereins- und Betriebsfeiern für bis zu 120 Personen geeignet.

Die sehr entlegene Wiesenmeisterwohnung an der Mittelschleuse am Störkanal ist heute dagegen nur noch eine Ruine. Sie hatte vor 100 Jahren bisweilen noch eine ganz andere Funktion, nämlich als Rast- und Nachtquartier für müde Wanderer. Denn bereits damals war die Lewitz als Exkursionsgebiet vor allem von Ornithologen sehr geschätzt. Diese durchquerten das große Gebiet zu Fuß.

Neben der Heuerzeugung nutzte man in geringem Umfang den Moorboden der Wiesenlewitz zur Torfgewinnung für Brennmaterial. Im 19. Jahrhundert wurde dieser Rohstoff in Mooren bei Consrade, Mirow, Dreenkrögen und Sukow gestochen. Noch 1922 belieferte die Torfstecherei Schlie aus Garwitz private Haushalte der Umgebung. Den Torf baute man flachgründig in der Garwitzer Feldmark ab. Dazu wurde zunächst das Wasser mit Hilfe von Schläuchen und einer Dampflok von der Fläche gepumpt. Dann wurde der Torf gestochen, an der Luft getrocknet, auf Loren verladen und auf Schienen zum Eldedreieck befördert. Dort erfolgte die Verfrachtung zum Abtransport auf Kähnen.

Torfabbau in der Garwitzer Feldmark (1922)

Um 1900 entstanden die ersten Fischteiche

Schließlich spielte noch die Nutzung des Schilfes für die Rohrbedachungen aller ländlichen Gebäude eine Rolle. Das Schilf wuchs in den feuchten Wiesenflächen und später in den Fischteichen. Das Steindach bürgerte sich erst im 20. Jahrhundert auf dem Land ein.

Ende des 19. Jahrhunderts zeigte sich, dass die Lewitzwiesen ein Überschussgebiet geworden waren. Der örtliche ländliche Markt konnte die riesigen Futtermengen nicht mehr aufnehmen. Entlegene und ertragsärmere Flächen blieben öfter unverpachtet. So entstand um 1900 ein neuer Wirtschaftszweig in der Lewitz, die Teichwirtschaft. Dazu wurden Wiesenflächen eingedeicht (bis zum 2. Weltkrieg etwas über 500 ha) und durch die Schifffahrtskanäle sowie dem Klinker Kanal mit Wasser gespeist. Auch das Ablassen der Teiche zum Abfischen im Herbst, wozu das Wasser in die tiefer gelegenen Gräben abgeleitet wurde, konnte ohne zusätzliche Pumpanlagen nur über die Ausnutzung des vorhandenen Gefälles bewerkstelligt werden. Die Teiche hatten zunächst eine Tiefe von maximal 50 cm. Sie verschilften stark und mussten mit einer Schilfschneidemaschine freigehalten werden. In die Teiche setzte man in erster Linie Karpfen ein, welche in der Regel nach drei Jahren als Speisefische verkauft werden konnten.

Die veränderten Bedingungen nach 1945 und die damit einhergehende gravierende Umstellung der Bewirtschaftung wandelten das Gesicht der Wiesen- und Teichlewitz stark. Zunächst verseuchten noch Tausende Granaten aus dem zweiten Weltkrieg bis in die 1950er Jahre hinein den Boden. Außerdem wurde das Lewitzgebiet durch die russischen Truppen in den ersten Nachkriegsjahren zum Sperrgebiet erklärt, um Übungsschießen durchzuführen. Der Zustand der Lewitz war, aus wirtschaftlicher Sicht betrachtet, dementsprechend verheerend. Die bis 1919 im Besitz des Großherzogs von Mecklenburg-Schwerin befindlichen Wiesen gingen zunächst bis 1945 in Eigentum des

Agrarsteppe in Folge ungezügelter Intensivierung

Landes über und wurden dann durch die Bodenreform an die Bauern und Umsiedler der Umgebung aufgeteilt. Wenig später gründeten sich, durch die DDR-Regierung unterstützt, Landwirtschaftliche Produktionsgenossenschaften und Volkseigene Güter (LPG und VEG). Diese Großbetriebe waren die Voraussetzung für die sehr radikale Umgestaltung der Lewitz in ein „hochproduktives" Intensivgrünland ab 1958.

Erstes großes Meliorationsprojekt 1958-1962

Tausende Arbeitskräfte, schwere Maschinen und Millionen von Mark kamen zum Einsatz. Der Grundwasserspiegel wurde besonders nach der Komplexmelioration von 1976 bis 1980 abgesenkt. Über 20 Schöpfwerke nahmen den Betrieb auf. Ehemalige Wiesengebiete verwandelten sich in Weideflächen, einige sogar in eine Ackersteppe. Die Handmahd wurde längst durch Maschinen ersetzt. Die Lewitz entwickelte sich zum Jungrinderaufzuchtzentrum des ehemaligen Bezirkes Schwerin. Die ungezügelte Intensivierung der Landwirtschaft wird aus den Statistiken ersichtlich. So belief sich der durchschnittliche Grünlandertrag bis 1975 auf etwa 40 - 70 dt und danach für kurze Zeit auf etwa 95 dt/ ha. Dann setzte eine verstärkte Rückbildung des Niedermoores ein und die Erträge sanken ab 1979 auf ca. 65 dt/ ha. Der Rinderbestand wuchs im gleichen Zeitraum von ca. 50 auf 200 Tiere je 100 ha landwirtschaftlicher Nutzfläche an. Es standen in dieser Zeit insgesamt bis zu 60.000 Rinder in der Lewitz!

In den 1950er Jahren wurden weitere Wiesen als Karpfenteiche umgestaltet, insgesamt erreichten diese nun eine Ausdehnung von 900 ha. Um höhere Besatzdichten zu erzielen, intensivierte man auch die Teichwirtschaft. Dazu wurden in den 1980er Jahren die vielen kleineren Teiche zu einigen großen zusammengefasst und auf ca. 1,20 m vertieft. Zusätzlich gab es technische Anlagen für die Zufuhr von Sauerstoff und eine Pelletzufütterung. Auch die Entwicklung der Fischereiwirtschaft spiegelt sich in den erzielten Erträgen von Satz- und Speisekarpfen je ha wider: bis 1945 waren es durchschnittlich 100 kg, 1959 400 kg und 1989 1000 kg und mehr je ha. Die wirtschaftlichen Erfolge sind damals in vielen Broschüren und Zeitungsartikeln propagiert worden. An anderer Stelle werden wir uns ansehen, welche ökologischen Auswirkungen das Handeln des Menschen auf die Natur hatte.

Mutterkuhherde

Nach der Einkehr neuer Besitzverhältnisse und veränderter Wirtschaftsbedingungen ab 1990 sanken die Rinderbestände unter 50% des Vorwendebestandes, bzw. die braungefleckten Mutterkuhherden ersetzten weitgehend das schwarzbunte Milchrind. Viele Wiesenflächen wurden nun, ungeachtet der Gesetzeslage, die den Erhalt der Wiesen vorschreibt, umgebrochen und in Ackerland umgewandelt, weil die Grünlandwirtschaft jetzt für die Landwirte oft nicht mehr lukrativ erschien. Der Fischbesatz in den jetzt ebenfalls extensiv genutzten Teichen ging nach 1990 auf durchschnittlich 300 kg/ha zurück. 100 ha wurden komplett aus der Nutzung genommen und unter naturschutzfachlichen Gesichtspunkten als kostbare Röhrichtflächen unterhalten.

Das Gestüt Lewitz

1992 hielt ein neuer Wirtschaftszweig im Gebiet Einzug. Der durch seine Erfolge im Reitsport bekannt gewordene Pferdezüchter Paul Schockemöhle etablierte in der Nähe von Neustadt-Glewe eines der größten und modernsten privaten Gestüte der Welt. Die Hallenkomplexe des ehemaligen VEG „Lewitz" beherbergten bis 1990 noch 12.500 Rinder. Nach dem Umbau werden hier jetzt in artgerechter Offenstallhaltung ca. 3.500 Pferde gehalten. Die Warmblutstuten entstammen erfolgreichen Zuchtlinien wie Oldenburgern, Holsteinern, Hannoveranern und Zangersheidern. Die zum Gestüt gehörenden Weideflächen von insgesamt 2.000 ha bieten den Tieren vom Frühling bis zum Herbst genügenden Auslauf. Auf dem 1.000 ha umfassenden Ackerland wird zusätzlich benötigtes Futter erzeugt. Durch 130 Angestellte, darunter bis zu 10 internationale Tierärzte, erfolgt die fachgerechte Versorgung der Pferde. Neben der künstlichen Besamung mit Frisch- oder tiefgefrorenem Samen international anerkannter Hengste, ist auch der Embryonentransfer fester Bestandteil der modernen Zuchttechnologie. Paul Schockemöhle selbst trifft nach der Musterung der Fohlen und der Begutachtung der weiteren Nachzucht die Auswahl der Deckhengste für jede einzelne Stute. Insgesamt kommen im Gestüt jährlich ca. 850 Fohlen zur Welt. Die Gesundheitskontrollen der Fohlen in enger Zusammenarbeit mit der tierärztlichen Hochschule Hannover gewährleisten einen hohen Standard. Dazu gehört die wöchentliche Blutentnahme, die Temperaturbestimmung und eine Ultraschalluntersuchung.
Die zweijährigen Hengste und die vierjährigen Sportpferde wechseln nach der Aufzucht in den ebenfalls zum Gestüt gehörenden Scheckenhof. Hier findet eine halbjährige Vorausbildung zu Spring- und Dressurpferden statt. Die Anlagen der Pferde werden z. B. durch das Freispringen überprüft. Schließlich gelangen die Tiere zum Ausbil-

dungs- und Verkaufsstall in das niedersächsische Mühlen. Von dort aus treten sie schließlich den Weg in die Welt an, einige Pferde nehmen sogar an den Olympischen Spielen teil.

Seinen Namen erhielt der Scheckenhof durch eine in der Lewitz gezüchtete Pferderasse. Mit der Zucht der Lewitzschecke *(Bild unten links)*, heute Lewitzer genannt, wurde von einer Gruppe aktiver Pferdezüchter des Lewitzgebietes 1971 begonnen. Mit dem Kleinpferd sollte in erster Linie Kindern und Jugendlichen eine Beschäftigung mit dem Pferdesport ermöglicht werden. Die so entstandene Scheckenpopulation entwickelte sich schließlich zu einer eigenständigen international anerkannten Ponyrasse. Nach der Privatisierung des VEGs nach 1990 ist nur noch ein Restbestand von rund einem Dutzend Lewitzern im Scheckenhof beheimatet. 300 weitere Tiere sind mittlerweile über ganz Deutschland verteilt.

Seit 2006 öffnet das Gestüt auch gelegentlich für interessierte Besucher seine Tore. Nach Anmeldung und in Begleitung eines sachkundigen Führers ist nun größeren Gruppen der Besuch des Gestüts möglich.

Zeitreise auf den Lewitz-Wasserstraßen

Um einigen Zeitzeugen in der Landschaft nachzuspüren, Vergangenes Gegenwärtigem gegenüberzustellen und die einzigartige Natur der Lewitz von einer ihrer schönsten Seiten kennen zu lernen, lade ich Sie nun zu einer Bootsfahrt auf den beiden Wasserstraßen der Lewitz ein. Der Wasserweg, dessen Geschichte bis ins 16. Jahrhundert zurückreicht, war vor der Kultivierung der Lewitz oft die einzige Möglichkeit, das Gebiet zu durchqueren. Mit dem Bau der Schifffahrtskanäle vor ca. 200 Jahren entstanden nicht nur zwei bedeutende Verkehrswege. Zugleich wurden dadurch viele andere nachfolgende Landschaftsveränderungen bewirkt, wie wir bereits gesehen haben. Heute befahren in der Wassersportsaison auf dem Weg zu den mecklenburgischen Seen und zur Elbe Tausende Boote diese wichtigen Verbindungsadern.

Die Müritz-Elde-Wasserstraße

Auf hohem Niveau durch Wiesen und Teiche

Starten wollen wir unsere kleine Reise vor der Schleuse in Neustadt-Glewe, sozusagen dem Schleusentor zur Lewitz. Wir fahren die Müritz-Elde-Wasserstraße stromaufwärts. Dabei müssen wir mit einer Schleusung ein Gefälle von ca. zwei Metern überwinden. Die Neustädter Schleuse wurde 2004 umgebaut und automatisiert, d. h. sie wird von uns über Drehhebel selbst bedient. Ein Schleusenmeister ist somit überflüssig geworden. Auch das äußere Erscheinungsbild der 1954 fertiggestellten Schleuse, die damals die danebenliegende alte Kammerschleuse mit der eisernen Drehbrücke überflüssig machte, hat sich gewandelt. Das markante Hubtor des Oberhauptes wurde durch ein Stemmtor ersetzt.

Nach der Schleusung fahren wir auf der Bundeswasserstraße mit der maximal zulässigen Höchstgeschwindigkeit von sechs km/h weiter. Die Müritz-Elde-Wasserstraße und der Störkanal sind für eine Tauchtiefe von 1,20 m ausgelegt und haben je nach Wasserstand eine durchschnittliche Tiefe von zwei Metern. Um die Schiffbarkeit zu erhalten, werden immer wieder Regulierungen an diesen künstlichen Fließgewässern durchgeführt. So hat sich vor kurzem hinter Neustadt-Glewe das Erscheinungsbild des hier ehemalig naturnahen, flussähnlichen Kanalabschnitts

Schleuse in Neustadt-Glewe (1930er Jahre)

Schleuse in Neustadt-Glewe (August 2000)

Befestigung der Uferdämme (2002)

gravierend geändert. Da zu DDR-Zeiten, bedingt durch die Grenzsicherungsmaßnahmen an der Elbe, kaum noch Lastkähne und nur wenige Sportmotorboote die Wasserstraße passierten, erfolgten hier auch nur gemäßigte Eingriffe. Nach 1992 wurde die Dömitzer Schleuse neu gebaut. Der Sportbootverkehr nahm daraufhin stark zu. Zusätzlich ergab sich durch die zu flachen und teilweise durchlässig gewordenen Dämme ein unzureichender Hochwasserschutz. Das Wasser- und Schifffahrtsamt Lauenburg entschloss sich in der Folge zu aufwändigen und drastischen Unterhaltungsmaßnahmen am gesamten Wasserstraßenlauf. Seit 2002 erhielt nun auch diese Gewässerstrecke ein eher kanalähnliches Aussehen. Der Uferbereich mit seinen Weidebüschen und kleinen Schilfbereichen in denen u. a. Beutelmeise und Rohrweihe heimisch waren, ist kaum mehr wiederzuerkennen. Die Uferdämme wurden erhöht und mit einer Steinschotterung versiegelt. Die Böschung wird

Mündung der Alten Elde in die Müritz-Elde-Wasserstraße bei Kronskamp

jetzt außerdem regelmäßig gemäht. Bleibt zu hoffen, dass der verbliebene naturnahe und malerische Eldeabschnitt unterhalb der Neustädter Schleuse erhalten bleiben kann!

Hinter der Autobahnbrücke (Bj 1982) wird die Fahrt durch ein paar Bögen der Elde etwas abwechslungsreicher. In der Nähe der Ortschaft Kronskamp mündet dann die nicht befahrbare Alte Elde in die Wasserstraße. Hier besitzt dieser Fluss sein ursprüngliches und natürliches Erscheinungsbild und lässt ahnen, wie die Eldeufer vor 200 Jahren in weiten Teilen ausgesehen haben müssen.

Ab jetzt fahren wir auf dem fast völlig geraden, in den 1830er Jahren durch eine Aktiengesellschaft erbauten, Friedrich-Franz-Kanal. Er ist ein sieben Kilometer langer Abschnitt der Müritz-Elde-Wasserstraße, der fast auf der ganzen Strecke von Fischteichen gesäumt wird. Durch den Kanalbau konnte hier die Fahrzeit der Schiffe erheblich verringert werden, da nun nicht mehr den unzähligen Schlingen (Mäandern) der Alten Elde gefolgt werden muss. Auf dem rechten Uferdamm sehen wir nach ein paar hundert Metern ein altes Fachwerkhaus. Es diente bis 1949 als Wohnhaus des Schleusenmeisters der hier befindlichen Schleuse No II. Bis 1940 gab es im Friedrich-Franz-Kanal zwei Schiffsschleusen: Schleuse No I, von der später noch die Rede sein wird, und diese Schleuse No II. Beide wurden zusammen mit dem Kanal etwa 1835 errichtet. Das Ziel war damals, eine bessere Schiffbarkeit der Elde zu erreichen, verbunden mit einem einheitlichen Mindestmaß für die Schleusengröße. Dieses sogenannte Finnowmaß (für 200 t Lastkähne) erforderte eine Länge von 42 m, eine Breite von 5,10 m und eine Wassertiefe von 1,20 m. Mit dem Neubau der heutigen Lewitzschleuse 1939/40 nach dem sogenannten größeren Saalemaß (für 400 t Lastkähne) wurden die beiden alten und baufälligen Kammerschleusen überflüssig und 1949 rückgebaut. Anstelle der eisernen Portalzugbrücke gibt es hier nun eine Betonbrücke. Die Schleuse No II hatte eine Hubhöhe von 2,30 Metern. Im Landeshauptarchiv finden sich neben den Grundrissen der Schleusenmeisterwohnhäuser auch

Alte Elde bei Kronskamp

Schleuse No II (1930er Jahre)

Holzfloß (1930er Jahre)

verschiedene Briefwechsel und Statistiken. So können wir uns ein Bild über die Zusammensetzung und die Häufigkeit des Durchgangsverkehrs von 1910 machen. Die Schleuse wurde in jenem Jahr passiert von: 127 Schlepp- und Frachtdampfern, 471 Segelschiffen, 22 Motorbooten, 72 Segel- und Ruderbooten sowie 704 Flößen – insgesamt 1396 Wasserfahrzeuge. Ein Floß konnte allerdings über 200 m lang sein und wurde daher vor der Schleusung in mehrere kleine Flöße zerlegt. Noch bis in die 1950er Jahre beförderte man

Lewitzschleuse (August 2000)

auf diese Weise zum Teil große Holzmengen als Floß verbunden auf dem Wasserweg durch die Lewitz. Ebenfalls aus dem Jahr 1910 gibt es ein aus heutiger Sicht sehr merkwürdig formuliertes Schreiben an den Großherzog, in dem es lediglich um die Erneuerung eines Stallgebäudes und die Reparatur eines Motorbootes ging. Kostprobe: „Allerdurchlauchtigster Großherzog, Allergnädigster Fürst und Herr! Königliche Hoheit haben geruht, die von den getreuen Ständen alluntertänigst erbetene Mitteilung durch Herausgabe des hohen Erlasses vom 11. Dezember gnädigst zu machen... Wir beharren in tiefster Ehrfurcht als alluntertänigste Landräte und Deputierte von Ritter- und Landschaft der Herzogtümer Mecklenburg" Das war Mecklenburg noch im Jahre 1910! 1941 plante dann die Stadt Neustadt-Glewe, unterstützt vom Landesfremdenverkehrsverband Mecklenburg e.V., das Haus vom Wasserbauamt Grabow käuflich zu erwerben, um hier ein Rasthaus für Paddler zu errichten. „Damit der Fremdenverkehr auch in hiesiger Gegend gehoben wird" hieß es wörtlich. Der Antrag wurde vorerst abgelehnt und später wahrscheinlich wegen anderer Probleme hinfällig. Bis heute ist das Gebäude jedenfalls ein Wohnhaus geblieben.

Nach weiteren 1,5 km erreichen wir die bereits erwähnte Lewitzschleuse. Diese wird z. Zt. (2007) noch von einem Schleusenmeister bedient und hat einen Hub von 3,70 m. Links neben der Schleuse befindet sich seit 1956 ein Kleinwasserkraftwerk mit einer maximalen Leistung von 200 kw/h. Für diesen Spitzenwert reicht der Wasservorrat aus der Müritz-Elde-Wasserstraße allerdings nur selten. Daneben liegt das hübsche reetgedeckte Wohnhaus des Schleusenmeisters. Das Wasser- und Schifffahrtsamt Lauenburg erfasste 2004 den folgenden Schiffsverkehr: 3253 Sportboote, 177 Wirtschaftsschiffe und 60 Fahrgastschiffe, insgesamt also 3490 Fahrzeuge. Diese Zahl entspricht fast dem Dreifachen von 1910, allerdings mit deutlichem Zuwachs bei den Sportbooten.

Nachdem wir die Lewitzschleuse „bergauf" geschleust haben, durchfahren wir das einzigartige Naturschutzgebiet „Fischteiche in der Lewitz". Das ist hier nur auf diesem Wasserweg möglich, da die Wege zwischen und an den Teichen zum Betriebsgelände des Binnenfischereibetriebes gehören und somit nicht betreten oder befahren werden dürfen. Jetzt verläuft die Wasserstraße als Hochkanal über dem Niveau der Niederungslandschaft. Daher hat man vom Deck unseres Bootes einen schönen Überblick auf die Teiche und Wiesen *(Bild unten: Die „Fritz Reuter", Fahrgastschiff des Van der Valk Landhotels in Spornitz)*. Die künstlichen Teiche, vom Friedrich-Franz-Kanal mit Wasser gespeist, werden wegen ihrer immensen Ausmaße oft mit Seen verwechselt. Es gibt hier immer etwas zu entdecken, z. B. den Seeadler, der ab jetzt hin und wieder unseren Weg kreuzt.

Seeadler Altvogel

Blick von der Dütschower Brücke (Bild oben: Mai 1991, Bild unten: Mai 2005)

Nach einer kleinen Biegung kommt die eiserne Dütschower Brücke, die im Jahre 1920 eine Holzbrücke ersetzte, in Sicht. Bis in die 1990er Jahre waren die Ufer des Friedrich-Franz-Kanals vor und hinter dieser Brücke wechselseitig mit alten Pappeln oder Birken bewachsen, landschaftlich gesehen eine Augenweide in der hier recht baumarmen Gegend. Die letzten Bäume wurden 1997 bei den umfangreichen Rekonstruktionsarbeiten an der Bundeswasserstraße gefällt. Auch das Schilf mit den Rohrsängern wird von so manchem Naturfreund schmerzlich vermisst.

Nach einem weiteren zurückgelegten Kilometer sehen wir auf der linken Seite, schön umrahmt von alten Bäumen, erneut ein Fachwerkhaus. Auch dieses

Schleuse No I (Bild oben: 1930er Jahre, Bild unten: 2000)

einsam stehende Gebäude war eine Schleusenmeisterwohnung. Hier befand sich bis 1949 die schon genannte Schleuse No. I. Diese hatte einen Hub von 1,90 m und existiert auch bereits seit 1950 nicht mehr. Sie war ebenso wie die Schleuse No II von sehr einfacher Bauweise: Die Häupter bestanden aus Ziegelmauerwerk auf Bohlenbelag, die Tore aus Holz und die Kammerwände aus einer Pfahlreihe mit Senkfaschinen. Hier wollen wir einmal einen Blick in die Dienstanweisung des Schleusenmeisters aus den 1920er Jahren werfen. Er hatte demnach die Ordnung auf der Schleuse aufrecht zu erhalten, sie zu beaufsichtigen, sauber zu halten, zu warten und zu bedienen. Die Beobachtung und Regelung der Wasserstände, das Füh-

Eldedreieck (Juli 2000)

Stauschleuse an der Mündung der Alten Elde (1951)

Bau der Garwitzer Schleuse (1894)

Schleusentor der Garwitzer Schleuse (2002)

ren von Büchern, Listen und sonstigen Nachweisen gehörte ebenso zu seinen Aufgaben wie die Reinhaltung und Bedienung der Fernsprechanlage. Wörtlich heißt es unter anderem: „ . . . Im dienstlichen Verkehr mit dem Publikum ist mit dem nötigen Ernst stets ein ruhiges und taktvolles Auftreten zu verbinden. Die Annahme von Geschenken oder Belohnungen aus dienstlichem Anlaß ist dem Schleusenwart untersagt. ... Der Schleusenwart darf Schlägereien, lauten Wortwechsel und Schimpfen auf der Schleuse und in deren nächster Umgebung nicht dulden." Das Wohnhaus bekam nach dem Abriss der Schleuse eine neue Funktion. Es dient jetzt als Unterkunft für Ornithologen, die im Naturschutzgebiet Beobachtungen und Beringungen durchführen.

Wieder einen Kilometer weiter passieren wir die Spornitzer Brücke. 1925 wurde sie ebenfalls als Eisenkonstruktion von der gleichen Bauart wie die Dütschower Brücke errichtet. Noch bis Anfang der 1960er Jahre führte über diese Brücke nur ein sandiger Feldweg. Dem späteren Ausbau des Weges zu einer Straße und dem darauf folgenden stetig ansteigenden Verkehr konnte die Brücke nicht standhalten. Seit den 1980er Jahren gibt es hier nun eine Stahl- und Betonbrücke.

Jetzt ist das Ende des Friedrich-Franz-Kanals in Sicht das Eldedreieck, eine kleine mit alten Pappeln bewachsene Insel. Vorbei an den letzten Teichen passieren wir auf dem Weg dorthin auf halber Strecke unbemerkt eine Stelle, an der noch in den 1930er Jahren eine Drehbrücke ihren Zweck erfüllte. Nun sind wir am Eldedreieck angelangt, einem Gewässerbereich, der von reger wasserbaulicher Tätigkeit seit dem Bestehen der Wasserstraße gekennzeichnet ist. Die heutige Form erhielt die Insel etwa 1951, als der Störkanal von der damaligen Eldeschleuse an in gerader Richtung zur Müritz-Elde-Wasserstraße verlängert wurde. Die hier bereits vorhandene Insel wurde dadurch in nördlicher Richtung verlängert und wenig später mit Pappeln bepflanzt, welche heute noch stehen. Schon immer übte dieses künstliche Lewitzidyll auf Wasserwanderer einen großen Reiz aus. In

Kanuten an der Garwitzer Schleuse (September 2004)

manchen Sommern war kaum ein Zeltplatz zu ergattern. Da die Lewitz einen besonderen Schutzstatus besitzt, wird allerdings die allgemein geltende Regelung, dass es mit nichtmotorisierten Wasserfahrzeugen für eine Nacht statthaft ist an den Wasserstraßen zu campen, hier noch weiter eingeschränkt.
Vor dieser Insel zweigt rechts die Müritz-Elde-Wasserstraße in Richtung Garwitz/ Parchim ab; links kommt man zum Störkanal in Richtung Banzkow/ Schwerin. Obwohl wir nach Garwitz möchten, biegen wir zunächst links ab, um eine kleine Ehrenrunde um die Insel zu drehen. Die Alte Elde zweigte an dieser Stelle vor einigen Jahrzehnten über eine Stauschleuse, noch vor der Einmündung des Störkanals, von der Wasserstraße ab. Hier wurde das überschüssige Wasser, welches nicht für den Friedrich-Franz-Kanal benötigt wurde, abgeleitet. Seit 1951 erhielt die Alte Elde immer weniger Wasser, bis schließlich das Wehr mit dem Zulauf ganz verschwand. Der imposante mäandrierende Verlauf der Alten Elde, der hier seinen Anfang nimmt, ist so nur noch aus der Luft zu sehen. Ein Renaturierungsprojekt für die Alte Elde ist dringend notwendig, sonst ereilt diesen Flussabschnitt vielleicht bald das gleiche Schicksal wie das der Alten Stör – das allmähliche Verlanden, Verwachsen und letztendliche Verschwinden. Leider gibt es im Vogelschutzgebiet „Lewitz" immer noch keine hauptamtliche Schutzgebietsverwaltung, wie bereits 1997 in einem unabhängigen Ingenieurgutachten gefordert, die solche und andere dringend notwendigen Naturschutz- und Tourismusvorhaben anschieben und begleiten kann. Hier ist die Lewitzregion gegenüber den anderen Großschutzgebieten Mecklenburgs sehr benachteiligt.
Schließlich gelangen wir zur Einmündung des Störkanals, den wir ein anderes Mal erkunden wollen, und so biegen wir rechts in Richtung der Müritz-Elde-Wasserstraße ab. Bis Garwitz verläuft die Wasserstraße nun teilweise im alten Flussbett der Elde; dadurch wird unsere Fahrt durch ein paar Flussbiegungen aufgelockert. Brücken oder andere Bauwerke passieren wir bis Garwitz nicht. Dafür kommen wir an einer kleinen Erhebung vorbei. Es handelt sich um den Hühnerberg, eine der vielen Binnensanddünen, wie sie besonders für die Umgebung der Alten Elde typisch sind. Auch unser Ziel, die Garwitzer Schleuse mit einem Hub von vier Metern, ist nach dem Neu- und Umbau 2001 zu einer Selbstbedienerschleuse umfunktioniert worden. Das Schleusentor der 1892 bis 1894 erbauten alten Schleuse steht nun als Schauobjekt am Eldeufer. Vor der Schleuse endet unsere Fahrt auf der Müritz-Elde-Wasserstraße. Nun sind wir gespannt, was wir bei unserer nächsten Tour auf dem 20 km langen Störkanal entdecken werden.

Der Störkanal

Ein Querulant teilt die Waldlewitz

Nach einem Ausflug zu den reizvollen Schweriner Seen gelangen wir im Süden des Schweriner Innensees zwischen Schwerin-Mueß und Raben Steinfeld zur Ausfahrt in den Störkanal. Gleich darauf passieren wir die massive Brücke, über die eine Straße von Schwerin in Richtung Crivitz führt. An dieser Stelle befand sich schon immer ein wichtiger und geschichtsträchtiger Übergang über die Stör. Im frühen Mittelalter gab es hier eine Fährverbindung, dann baute man verschiedene Holzbrücken und 1894 eine eiserne Drehbrücke. 1968 wurde diese durch eine massive Hochbrücke ersetzt, welche 2000 modernisiert und zweispurig ausgebaut, bis heute existiert. Die Stör, ehemals ein natürliches Fließgewässer, strömt aus dem Schweriner See heraus, jedoch ist dieses aufgrund des geringen Gefälles manchmal kaum zu bemerken. Auf den ersten neun Kilometern bis Banzkow folgen wir dem in den 1830er Jahren begradigten und vertieften Verlauf der Stör durch das wiesenreiche Störtal, welches bereits zur Lewitzniederung gerechnet wird. Am rechten Ufer begegnen uns Radfahrer, die den attraktiven Radweg zwischen Plate und Schwerin-Mueß nutzen. Dieser Weg war einstmals ein sogenannter Leinpfad, auf dem Lastkähne, beladen mit Torf und Holz aus der Lewitz oder mit Steinen aus den Ziegeleien von Kaninchen- und Ziegelwerder (Inseln im Schweriner See), getreidelt wurden. Das heißt, diese Kähne zog man mit Hilfe von Zugtieren vom Ufer aus die Stör entlang. Ebenfalls auf der rechten Seite können wir durch Lücken im Uferbewuchs in ein paar Kilometern Entfernung den Schweriner Fernsehturm erkennen. Nach ca. 3,5 km unterqueren wir die 1984 fertiggestellte Autobahnbrücke (Richtung Wismar) und ein paar Kilometer weiter die Eisenbahnbrücke kurz vor Plate. Die gleich darauf folgende Straßenbrücke in der Ortschaft Plate erinnerte in Aussehen und Funktionsweise bis 2005 an die alten, längst verschwundenen Portalzugbrücken, die für die Lewitz einmal

Zugbrücke in Plate (2004)

Postkarte der Schleuse in Banzkow (um 1920)

Gaartzer Brücke als Holzkonstruktion (1914)

Gaartzer Brücke als Eisenkonstruktion (1952)

sehr typisch waren. Die Plater Zugbrücke wurde erstmals 1835 erwähnt und 1990/91 neugebaut. Ihr heutiges Aussehen erhielt sie nach einem weiteren Umbau 2006. Für größere Boote öffnet sich die Brücke im festgelegten 1 1/2 stündigen Zyklus zwischen 9.00 und 20.00 Uhr. Nach der Weiterfahrt kurz vor Banzkow angelangt, sehen wir Kinder, die in der Störwasserstraße baden und sich mit Vergnügen von den Fahrwasserwellen unseres Bootes schaukeln lassen. Da die Stör ihr Wasser größtenteils aus dem Schweriner See erhält, ist auch die Wasserqualität gut zum Baden geeignet. Schließlich kommen wir an der neuen Zugbrücke kurz vor der Schleuse in Banzkow an. Bis 2002 verrichtete an dieser Stelle die 1897 erbaute Zweifelder Drehbrücke ihren Dienst. Wir warten, bis die Brücke hochgezogen und die Einfahrt in die Banzkower Schleuse freigegeben wird. Beides bewerkstelligt hier noch ein Schleusenwärter. Die Banzkower Schleuse ist seit 1950 die einzige Schiffsschleuse der Störwasserstraße. Sie besitzt eine Hubhöhe von einem Meter, wurde bereits 1566 fertiggestellt, danach mehrfach um- und 1926 schließlich neu gebaut. Bis 1856 bediente diese Schleuse der Wassermüller, welcher das angestaute Wasser für seinen Mahlbetrieb benötigte. Schleusten Schiffe, stand die Mühle still. Der Mühlengraben zweigt kurz vor der Schleuse rechts ab. Im Gegensatz zu heute musste früher außerdem für alle schleusenden Wasserfahrzeuge eine Abgabe entrichtet werden.

Die Wartezeit bis zur Schleusung nutzen wir, um die Entstehungsgeschichte des nun folgenden 11 km langen Abschnitts der Störwasserstraße gedanklich nachzuvollziehen. Ab der Banzkower Schleuse beginnt der schnurgerade Störkanal. Der Verlauf dieses Kanals hat nichts mehr mit dem ursprünglichen Flussbett des Störflusses zu tun, welcher weiter westlich in einem großen Bogen in Richtung Goldenstädt verlief. Um 1709 wurde der ehemalige Flößgraben zwischen Banzkow und dem Klinker Bach (bei der Mittelschleuse) in gerader Richtung bis zur Alten Elde verlängert und zum schiffbaren Störkanal umfunktioniert. In den 1830er Jahren erfolgte dann der Ausbau zu einem Hochkanal mit direktem Anschluss an den Friedrich-Franz-Kanal. Das bedeutete eine weitere Verbesserung der Schiffbarkeit, jedoch verbunden mit weitreichenden ökologischen und wirtschaftlichen Folgen für das Umland. Der eingedeichte Störkanal machte seinem Namen im wahrsten Sinne des Wortes alle Ehre und störte von nun an das natürliche Abflussverhalten der Lewitzfließgewässer, weil er quer zu deren Fließrichtung verläuft und deshalb durch zeitweiligen Wasserrückstau dem Waldgebiet großen Schaden zufügte. Die drei größeren Düker, durch welche die Entwässerungsgräben den Kanal bis heute unterqueren, konnten in der Vergangenheit nicht immer das gesamte Wasser ableiten. Forstmeister VON MALTZAHN bezeichnete deshalb 100 Jahre später (1930) den Störkanal in wald- und wasserwirtschaftlicher Hinsicht als den größten und eigentlichen Kulturschädling des Lewitzforstes. Das

Panzerbrücke vor den Widerlagern der Brücke (1980)

Die neue Gaartzer Brücke (2005)

Flussbett der Alten Stör ab Banzkow trocknete durch den Bau des Kanals größtenteils aus. Die flache, verwachsene Rinne führte seitdem nur bei großer Nässe Wasser. Im Zuge der Meliorationsarbeiten zu DDR-Zeiten verschwanden auch die letzten Überreste der Alten Stör (meist feuchte Schilfgebiete), welche durchaus noch eine ökologische und landeskulturelle Funktion besaßen.

Jetzt haben wir die Talschleusung bewältigt und die Lewitzwanne dehnt sich vor uns schnell breiter werdend aus. Einen Kilometer unterhalb der Banzkower Schleuse beginnt der große Lewitzwald. Die einzelnen Waldstücke links und rechts des Kanals besitzen alte überlieferte Eigennamen, wie „Knust", „In der Twele" oder „Hirschtanz". Mit der von uns mitgeführten Rad- und Wanderkarte „Lewitz" können wir die an uns vorbeigleitenden Flurstücke und alle im folgenden beschriebenen Wasserbauwerke ihren Namen zuordnen. Zunächst haben wir den ersten der drei Düker, das Hichtensiel, passiert. Der Sielgraben wird hier unter dem Störkanal hindurchgeleitet. Eine ganze Zeit später erreichen wir endlich die bereits seit einigen Kilometern vorher gesichtete Gaartzer Brücke.

Die sehr interessante Geschichte dieser Brücke, die über den Störkanal führend die kürzeste Verbindung zwischen Jamel und Bahlenhüschen ermöglichte, ist lückenlos durch Fotos dokumentiert. Im Verlauf der letzten 100 Jahre änderte sich der Zustand der vier Kilometer von Banzkow entfernten Überführung bis zu ihrem heutigen Erscheinungsbild von Generation zu Generation. Durch einen glücklichen Zufall entstanden seit 1914 in Abständen von 40 und 30 Jahren Fotos verschiedener Fotografen von annähernd dem gleichen Aufnahmestandort und mit dem gleichen Blickwinkel. Ich fügte dann schließlich die vierte Aufnahme hinzu, so dass wir auf den Fotos alle bisherigen Entwicklungsstadien betrachten können. Um nach dem Bau des Störkanals die wichtigsten der durch ihn unterbrochenen Wege auch weiterhin voll nutzen zu können, war der Bau mehrerer Brücken erforderlich. Aus Kostengründen entstanden preisgünstige Portalzugbrücken aus Holz, die von den Schiffsleuten vor dem Passieren mit der Hand hochgekurbelt werden mussten. Das erste Foto aus dem Archiv des Forstamtes Friedrichsmoor zeigt die Gaartzer Brücke als Holzkonstruktion um 1914. 1931 erfolgte der Umbau zu einer stabileren Eisenkonstruktion. Das Funktionsprinzip war das gleiche wie bei der Holzbrücke. Das zweite Foto von Walter Dahnke stammt aus dem Jahr 1952. Rund 30 Jahre nach Kriegsende zerstörte ein russischer Panzer bei einer Militärübung die inzwischen unter Denkmalschutz stehende Brücke. Dadurch konnten die Anwohner an dieser Stelle jahrzehntelang nicht mehr den Kanal überqueren. Die dritte Aufnahme von Fred-Rüdiger Knaak zeigt einen Panzer des Warschauer Paktes bei einer Übung 1980 und wurde versteckt vom Boot aus aufgenommen. Hinter der Panzerbrücke sind die übriggebliebenen Brückenwiderlager der zerstörten

Gaartzer Brücke zu sehen. Anfang 1995 beseitigte das Wasser- und Schifffahrtsamt schließlich auch die zerfallenen Brückenwiderlager, die inzwischen nur noch ein Abfluss- und Verkehrshindernis für die Bundeswasserstraße darstellten. Endlich, im Oktober 2003, erfolgte die Fertigstellung einer neuen Gaartzer Brücke als Fahrrad- und Fußgängerüberweg. Damit ist im Sinne eines naturverträglichen Tourismus eine wichtige Verbindung für Radtouristen und Wanderer wiederhergestellt worden. Für den Autoverkehr ist diese Brücke nicht nutzbar, was dem Schutzstatus und der Erholungsfunktion der Lewitz Rechnung trägt.

Hinter der Gaartzer Brücke fällt uns eine an dem rechten Kanalufer stehende alte Eiche auf, der einzige Baum, der hier direkt auf dem Damm steht. Auf einem Foto aus den 1930er Jahren ist dieser stattliche als „Grüne Eiche" bezeichnete Baum noch dicht belaubt. Nun ist er schon seit einigen Jahrzehnten trocken. Eine direkt daneben wachsende junge Eiche wird hoffentlich seinen Platz in der Zukunft einnehmen.

Die „Grüne Eiche" (2002)

An einer etwas später folgenden leichten Kanalbiegung befindet sich die Kreuzschleuse, ein interessanter und für den Kanal einstmals recht wichtiger Ort. Die Kreuz- und auch die weiter stromabwärts folgende Mittelschleuse sind keine eigentlichen Schiffsschleusen, sondern seitlich in den Störkanal eingebaute Schotts zur Wasserregulierung. Sie regulierten den Wasserstand der Schifffahrtskanäle und leiteten das Wasser aus dem nordöstlichen Teil der Lewitz als Düker unter dem Störkanal hindurch nach Süden. Die Kreuzschleuse war bezüglich der Fließverhältnisse der Mittelpunkt des Störkanals. Noch 1941 wurde von Banzkow bis hier der Störkanal mit Wasser aus der Stör gespeist. Dann kehrte sich die Fließrichtung um, und der Kanal erhielt das Wasser aus der damals 70 cm höher gelegenen Elde (an der Mündung des Störkanals am Eldedreieck ist mit Elde, Eldekanal, Friedrich-Franz-Kanal oder Müritz-Elde-Wasserstraße das selbe Gewässer gemeint). Mittels der Kreuzschleuse leitete man das überschüssige Wasser in den in Richtung Friedrichsmoor fließenden Breiten Graben. Heute fließt dagegen das meiste Störwasser über den Friedrich-Franz-Kanal ab. Der Hüttengraben entwässert an der Kreuzschleuse immer noch mittels eines Dükers in den Breiten Graben. Schließlich existierte hier bis 1945 auch eine eiserne Portalzugbrücke. Aus Archivmaterial wird ersichtlich, dass es bereits im 18. Jahrhundert eine Kreuzbrücke gab. Über die Kreuzbrücke führte die Verlängerung der Friedrichsmoorschen Allee als gerader Weg nach Bahlenhüschen. Gesäumt von uralten Eichen ist der Weg noch heute von hier bis zum Jagdschloss Friedrichsmoor als herrlicher Rad- und Wanderweg passierbar.

Zwei Kilometer hinter der Kreuzschleuse endet der Wald und wir genießen die freie Sicht. Beidseitig dehnen sich ab jetzt auch hier wie am Friedrich-Franz-Kanal Karpfenteiche aus. Da unser Motor sehr leise ist, vernehmen wir aus dem Naturschutzgebiet die Rufe der Großen Rohrdommel und der

Der Störkanal an der Mittelschleuse, links Mündung des Klinker Kanals (2006)

Hohe Brücke (1951)

Rotbauchunken. Rohrweihen gaukeln über die riesigen Schilfflächen der Brahm- und Möwenteiche und ein Eisvogel schießt vor uns über den Kanal – ein Naturparadies. Kurz darauf macht der Störkanal eine leichte Biegung nach links, wir sind an der Mittelschleuse angekommen. Zuerst bemerken wir den von links einmündenden Klinker Kanal, der einzige auffällige Zufluss des Störkanals. Er ist mit Booten nicht befahrbar und wird durch ein niedrig über der Kanaloberfläche verlaufendes Rohr abgesperrt. Seit dem 8,5 km von hier entfernt liegenden Banzkow sehen wir rechts die erste menschliche Behausung, allerdings auch nur noch als Ruine. Dort wohnte, wie wir bereits wissen, einer der zwei Wiesenmeister der Lewitz. Noch bis in die 1990er Jahre war das Haus bewohnt. Wie bei der Kreuzschleuse beschrieben, wurde auch hier mittels eines mit Schützen ausgestatteten Wehres überschüssiges Wasser aus dem Störkanal in den Drellengraben/Ludwigsluster Kanal abgelassen. Das Wasser dieser Kanäle speiste die Kaskaden und Wasserfälle am Ludwigsluster Schloss und im Schlosspark. Bis heute wird der Drellengraben durch einen Düker mit Wasser versorgt, er entwässert nun über den Turmgraben in die Alte Elde.

Jetzt sind wir auf der 2,5 km langen Endgeraden des Störkanals angelangt. Alte Eichen umsäumen diesen letzten Abschnitt. Schon können wir die Hohe Brücke erkennen. Hoch ist diese Brücke erst seit 1912. Vorher gab es an dieser Stelle nur eine niedrige Portalzugbrücke „primitiver Art" aus Holz, welche zudem 1911 durch ein anfahrendes Schiff gebrauchsunfähig wurde. 1912 errichtete man dann für 14.000 Mark eine hölzerne Brücke auf hohen Anfahrtsrampen und massiven Widerlagern mit einer Schiffsdurchlassweite von 6,60 m und lichten Höhe von 3,50 m – immerhin bis heute eine der höchsten Erhebungen der Lewitz. 1960 ersetzte die gegenwärtige Betonbrücke das in die Jahre gekommene Holzkonstrukt. Interessanterweise können wir einem Lageplan der Brücke von 1912 entnehmen, dass auf dem jetzigen Wiesengelände links vor der Brücke bis zur Ruscher Chaussee ein Karpfenteich eingezeichnet ist. Auf der Wiese rechts hinter der Brücke markieren Holunderbüsche und einige alte Weiden den Verlauf der Alten Elde. Kurz vor der Einmündung des Störkanals in die Müritz-Elde-Wasserstraße bemerken wir auf dieser Wiese ca. 200 m vom Kanal entfernt einige Obstbäume und Linden. Ein Hinweis auf eine menschliche Ansiedlung – und richtig, bis Anfang der 1970er Jahre stand an diesem Platz ein Haus direkt an der Alten Elde. Hier wohnte ein Schleusenmeister. Zu dessen Dienstwohnung gehörte wie üblich ein kleines Dienstland, bestehend aus Acker, Wiesen und Garten. Wie mag das Leben in dieser Einsamkeit wohl gewesen sein? Nun erreichen wir das Eldedreieck oder auch das sogenannte Dreiländereck (die Altkreise Schwerin, Ludwigslust und Parchim grenzten hier zu DDR-Zeiten aneinander). Wir können an dieser Stelle geradeaus in Richtung Parchim/ Müritz oder nach rechts in Richtung Neustadt-Glewe/ Elbe abzweigen. Das war vor 1950 noch nicht so einfach möglich. Damals existierte ca. 100 m vor dem heutigen Ende des Störkanals eine Kammerschleuse, auf deren Hilfe man angewiesen war, wollte man mit dem Boot in den 70 cm höheren Eldekanal gelangen. Diese Schleuse war von ähnlich einfacher Bauart wie die Friedrich-Franz-Schleusen. Die Häupter waren aus Fachwerk mit Bohlenverkleidung, die Tore aus Holz – dann schließlich aus Eisen. Die Kammerwände bestanden zunächst nur aus einer Rasensodenabdeckung und wurden erst später durch Pfahlreihen mit Senkfaschinen versehen. 1948 - 1951 brachte man den Wasserspiegel zwischen Stör- und Friedrich-Franz-Kanal auf gleiche Höhe. Die dadurch überflüssige und ohnehin baufällige Eldeschleuse wurde 1949 abgerissen.

Nachdem wir jetzt alle Wasserstraßenabschnitte der Lewitz kennen gelernt haben, wenden wir uns nun anderen historischen Verkehrswegen zu.

Eldeschleuse (1940er Jahre)

Auf Dämmen durch das Moor

Weg-Geschichten

Gut passierbare Wege oder gar Straßen, die diese Bezeichnung verdienen, gab es in der Lewitz erst einige Zeit nach dem Bau der Schifffahrtskanäle. Die Friedrichsmoorsche Allee, eine der bekanntesten Lewitzstraßen, ist im 18. Jahrhundert wegen der Jagdleidenschaft der Herzöge angelegt worden. Diese Allee verband das Jagdschloss in Friedrichsmoor mit dem 16 km entfernten Schloss in Ludwigslust. FROMM und STRUCK beschrieben sie 1866 folgendermaßen: „Die Allee führt vom Ludwigsluster Schlosse in schnurgerader Richtung nach Friedrichsmoor, so daß man aus den Fenstern jenes Schlosses mittels eines Fernrohres das Jagdschloß zu Friedrichsmoor und durch dessen geöffnete Fenster weiter die gerade dahinter gelegene Kreuzschleuse sehen kann.“ Insgesamt waren das 18 km freie Sicht – Lewitzrekord! Heute lässt sich diese Beschreibung, die wohl als eine Legende zu werten ist, leider nicht mehr nachprüfen. Neu erbaute Häuser in Ludwigslust, die Autobahn A 24 und Baumbewuchs am Breiten Graben bei Friedrichsmoor behindern die Sicht. Bis in die Gegenwart blieb die touristische Attraktivität dieser historischen Allee bestehen. Die alten Bäume an der jetzt teilweise asphaltierten Straße sind glücklicherweise trotz bekannt gewordener Straßenausbauvorhaben weitgehend erhalten geblieben. Ersatzpflanzungen für gefällte oder abgestorbene Bäume sind aber zukünftig erforderlich. Einen Eindruck wie diese Allee vor einhundert Jahren aussah, bekommt man, wenn man auf dem unasphaltierten Abschnitt vom Jagdschloss in Friedrichsmoor zur Kreuzschleuse am Störkanal wandert.

Die ersten Wege in der Lewitz entstanden aber noch früher, etwa ab dem 17. Jahrhundert, zusammen mit den Flößgräben (z. B. Störkanaldamm und Hütterdamm). Diese Dämme errichtete man durch das Aufschütten von Erdreich, das beim Ausheben der Gräben anfiel oder auch durch das Abtragen einiger Sanddünen an der Alten Elde. Teilweise wurden sie außerdem mit Holzwerk unterlegt; man sprach dann von Knüppeldämmen. Während der sich entwickelnden Wiesennutzung der Lewitz im 19. Jahrhundert entstanden neben den vielen neuen Entwässerungsgräben auf die gleiche Weise auch weitere Damm-Wege. Diese erleichterten die Abfuhr des Heus. Baumreihen aus Birken, Eichen oder Kastanien markierten sie von weitem erkennbar. Der Goldenstädter Damm *(Bild links)*, jetzt teilweise Kreisstraße, ist bis heute sehr schön von alten Eichen und Kastanien umsäumt. Noch bis ins 20. Jahrhundert führten aber nur wenige feste und meistens nur bei gutem Wetter befahrbare

Spornitzer Damm 1951…

…und im Jahre 2004.

Rindergespann bei Garwitz (1951)

Wege durch das weite Gebiet. Zitat eines Wanderers 1936: „Der Eingang zur Lewitz beginnt dort, wo die Wege aufhören. Eine fast unübersehbare Ebene tut sich auf, und kleine Dämme und Deiche ermöglichen den Marsch." Lediglich die Dämme, die hoch genug lagen, waren bei den immer wieder auftretenden großflächigen Überschwemmungen passierbar. Nicht selten blieb auch so manches Ochsen- oder Pferdegespann im sandigen oder aufgeweichten Boden stecken. Die Radfahrer benutzten einen neben der Fahrspur verlaufenden festeren Seitenstreifen. Der ehemalige Spornitzer WILHELM SIMON kann sich an einen Ausflug von Familien aus dem Dorf mit der Pferdekutsche in den 1920er Jahren erinnern: „ …Nach kurzer Rast kam dann die Angstfahrt durch den recht holprigen, tiefgründigen Weg zwischen den Karpfenteichen bis zur Raduhner Chaussee. Wehe, man blieb im Modder stecken. Man wartete bis das letzte Fahrzeug diese erste gefährliche Hürde überstanden hatte. Ich erinnere mich, dass hier für eine Kutsche die Fahrt wegen Rad- oder Achsbruch endete oder mitsamt den kreischenden Insassen umkippte. Soweit möglich, wurde dann umgeladen und die Kutsche abends mit einem über vier Meter langen Kiefernstamm, der auf dem Schultenberg eingeschlagen worden war, einseitig schleifend zurücktransportiert. Dafür musste das Gespann tagsüber als Ersatz verfügbar sein, denn die Wege in der Lewitz verdienten diese Bezeichnung durchaus nicht immer. Bei Trockenheit mahlten sich die schmalen, eisenbereiften Kutschenräder tief und schrecklich staubend ein, aber gefürchteter waren die unergründlichen, morastigen Löcher, in denen zwei Pferde oft schon ihre Mühe mit der leeren Kutsche hatten." Zur Zeit der Einführung der industriellen Großraumlandwirtschaft in den 1960er und 70er Jahren verschwanden neben Gehölzgruppen und Gräben auch einige Wege. Die größeren Dämme wurden dagegen mit einer Asphaltschicht versiegelt und so zu Straßen ausgebaut. Nach Aufhebung der bis 1990 jährlich vom 15.4. -31.10. verhängten Weidesperrzone werden

Birkenweg am Schremmberg (2001)

diese ehemaligen Wirtschaftsstraßen von einer steigenden Anzahl von PKW befahren. Für den Autoverkehr entbehrliche Wege, wie der reizvolle Birkenweg, sollten zukünftig Wanderern, Fahrradfahrern und Pferdekutschen vorbehalten bleiben. Dieses würde einen naturverträglichen Tourismus in der Lewitz fördern und dem Schutzzweck des Gebietes besser entgegenkommen.

Solche Warnschilder in Kombination mit Eisentoren gab es bis 1990 an fast allen Zufahrtswegen in die Lewitz.

Birkenweg (1930er Jahre)

Mensch und Natur

Naturschutz früher und heute

Die ursprüngliche Lewitz wurde über mehrere Jahrhunderte bewusst durch den Menschen verändert und zu einer Kulturlandschaft geformt. Jetzt sollen hier noch einmal die konkreten Auswirkungen auf die Tier- und Pflanzenwelt aufgezeigt werden. Im Vordergrund steht dabei die Vogelwelt, die für die unter Schutzstellung großer Teile des Gebietes ausschlaggebend war und ist.

In den Anfängen der Umgestaltung wirkte sich die Änderung der Landschaftsverhältnisse noch positiv auf die Artenvielfalt der Flora und Fauna aus. Die nach der Rodung des Waldes entstandenen Feuchtwiesen bildeten einen neuen Lebensraum für viele Sumpf- und Wiesenbrüter. Wiesengräser und andere üppig gedeihende Sumpfpflanzen überzogen die weite wasserdurchweichte Fläche wie ein „blumendurchwirkter grüner Teppich". Gleichzeitig blieb noch ein Teil der Waldfläche vorwiegend als Erlenbruch erhalten, so dass auch der ursprüngliche Biotop nicht gänzlich verschwand. Die regelmäßigen Überschwemmungen der Wiesen im Frühjahr, bei der Alten Elde *(Bild links)* trat das noch bis 1950 auf, bereicherten den Lebensraum. Die ersten Entwässerungsmaßnahmen im 19. Jahrhundert führten zu einer bedeutenden Abnahme des Wildbestandes. Die Tiere wurden stärker beunruhigt und das Schwarzwild verlor Unterstände durch den Rückgang des dichten Rohrwuchses. Jedoch war die Lewitz bis auf die kurze Zeit der Heuernte und Jagden weiterhin fast völlig menschenleer, ein Zustand, der noch weitere 100 Jahre andauern sollte und die Entwicklung einer artenreichen Vogelwelt weiter begünstigte. Diese führte ein verstecktes Leben und war auch durch die erschwerte Begehbarkeit des Gebietes nur schwer zu beobachten. Eine Liste von Forstmeister Peterson aus Friedrichsmoor erlaubt einen ersten Einblick in das damalige Vogelleben. Es wurden 156 Arten genannt. Allerdings fehlen Angaben über die Häufigkeit und ob die Vogelart brütete oder nur als Gast zu beobachten war. Folgende erwähnenswerte Arten kamen laut dieser Liste um 1866 in der Lewitz vor: Steinadler (wahrscheinlich noch bis Mitte des 19. Jahrhunderts Brutvogel), Fisch- und Schreiadler, Wanderfalke, Korn- und Wiesenweihe, Sperlings-, Stein- und Rauhfußkauz, Wiedehopf, Blauracke, Schwarzstorch, Nachtreiher, Großtrappe, Birkhuhn, Raub-, Schwarzstirn- und Rotrückenwürger, Blaukehlchen. Außerdem werden viele Entenarten, Singvögel sowie Sumpf- und Schnepfenvögel aufgezählt.

Nach der Anlage der periodischen Fischteiche um 1900 erreichte die Artenvielfalt ihren Höhepunkt. Die künstlichen Gewässer boten nun parallel zu den Wald-, Sumpf, Wiesen- und ausgedehnten Schilfgebieten einen hervorragenden neuen Brutplatz und Lebensraum. Spätestens in dieser Epoche galt die Lewitz als eines der wertvollsten Rückzugsgebiete für viele bereits selten gewordene Vogelarten. Nirgends in ganz Mitteleuropa fand man ein Brutrevier, das so vollzählig die ursprüngliche Vogelwelt Deutschlands erhalten hatte. Ornithologen, Naturfreunde und auch Wissenschaftler aus ganz Deutschland besuchten die Lewitz und berichteten in verschiedenen Fachzeitschriften begeistert über den einmaligen und reichhaltigen Vogelbestand. Besonders hervorgehoben wurden die Limikolen (Sumpfvögel). 1908 schreibt beispielsweise RUDOLF ZIMMERMANN: „ … Die Lewitzwiesen sowohl, wie auch der noch zur Lewitz gehörende Friedrichsmoorer Forst nun beherbergen eine Tierwelt, wie wir sie gleich reichhaltig und mannigfaltig wohl nur an wenigen Stellen unseres Vaterlandes noch besitzen dürften. Die gänzliche Abgeschlossenheit des Gebietes vom Weltverkehr und Weltenlärm, der ausgedehnte, verständnisvolle Schutz, der den Tieren der Lewitz zuteil wird – auf eine Ausnahme hiervon komme ich später noch zu reden – und schließlich auch der Umstand, daß mit aller Schärfe und Strenge darauf geachtet wird, daß Unberufene, deren naturzerstörende Hand wir anderwärts leider nur allzuoft spüren, das Gebiet außerhalb der begangenen Wege nicht betreten, halten der Tierwelt jede Störung fern und haben sie zu ihrer schönsten und größten Entfaltung kommen lassen. Mir drängte sich bei meinen Wanderungen durch das Gebiet oft der Vergleich mit einem Naturpark auf, mit einem Naturpark, der unserem Vaterlande hoffentlich immer erhalten bleibt." Der Autor zeigt sich u. a. beeindruckt von der großen Anzahl an Brutpaaren der Uferschnepfe (er schätzt 80-100) und den Kampfplätzen des Kampfläufers mit bis zu 31 Individuen, die sich „einer neben dem anderen" an einem langen Damm befanden. Allerdings gab es in dieser Zeit auch andere Berichte zum Umgang mit der Natur. Dort wird der zahlreiche „Mord" an Vogelarten wie dem Fischadler, Fisch- und Nachtreiher, Möwen und Enten durch Pfahl- und Tellereisen beklagt. Verantwortlich waren die Teichpächter, die dadurch sogar bis 1902 den Schwarzstorch ausrotteten, der zuvor mit vier bis fünf Brutpaaren nicht sehr selten war. Daneben kam es vor, dass junge Schreiadler und Schwarzstörche ausgehorstet und an zoologische Gärten verkauft wurden. Bekassinen und viele Entenarten waren dagegen so zahlreich, dass die regulär durchgeführte Jagd nach der Brutzeit keine Bedrohung ihres Bestandes darstellte.

Auch botanisch gesehen wies die Lewitz damals viele Besonderheiten auf und besaß eine für Mecklenburg einmalige Pflanzenwelt. Es herrschten artenreiche Pfeifengraswiesen vor, auf denen z. B. Orchideen wie das Breitblättrige Knabenkraut nicht selten vorkamen. Die Eldedünen wie der Töpferberg beherbergten

Breitblättriges Knabenkraut

Gemeine Kuhschelle

Landschaftsbelebende Solitärgehölze bei Mirow

eine Vielzahl von heute fast ausgestorbenen Pflanzenarten wie die Gemeine Kuhschelle, den Lungenenzian und den Königsfarn.

Durch den wirtschaftenden Menschen nahm der Druck auf die einmalige Naturausstattung der Lewitz weiter zu. In einem Artikel von 1920 wird das Dezimieren des Vogelbestandes durch die Teichwirtschaft und das im Zuge der Veränderung des Jagdrechtes „wahllose Schießen" einiger Jäger angeprangert. Auch das Abmähen des Schilfes durch eine motorenbetriebene Sense im Mai/Juni forderte viele Opfer unter dessen Bewohnern und erregte zu Recht den Argwohn der Naturschützer. Der intakte Naturhaushalt konnte aber immer noch ausgleichend wirken und Verluste kompensieren. Wenig später wurden erstmals Pläne bekannt, weite Teile der Lewitz trockenzulegen und in Weideland umzuwandeln sowie die Teiche als Wiese zu nutzen. Außerdem drohte die Umsetzung eines Projektes zur Begradigung der Alten Elde. Heftige Proteste bei den Naturschützern waren die Folge. So schreibt beispielsweise ROBERT BELTZ im Namen des mecklenburgischen Heimatbundes 1926: „ …Wir wissen uns eins mit der Anschauung weitester Kreise des Volkes, die ihre Heimat kennen und lieben, wenn wir die Überzeugung aussprechen, daß die Zerstörung der Lewitz eine Schädigung unserer Natur darstellt, die keine dabei beteiligte Stelle vor dem Urteil nicht nur der Nachwelt, sondern auch der deutschen Kulturgemeinschaft verantworten kann." Der mecklenburgische Heimatbund berief sich damals schon auf das Urteil von Sachverständigen, die den wirtschaftlichen Nutzen anzweifelten. VON MALTZAHN, einer der eifrigsten Kämpfer für ein Naturschutzgebiet „Lewitz", begründet 1930 die Notwendigkeit der gesetzlichen Unterschutzstellung u. a. so: „ …Kulturexperimente und Kulturprojekte hat die Lewitz gerade in neuester Zeit in gehäufter Fülle über sich ergehen lassen oder abwehren müssen. …Sie wurde schon früh zum kulturellen Versuchskaninchen der Technik. Und ist das geblieben."

Tatsächlich war die Lobby der Naturschützer in dieser Zeit so stark und wohl auch die Kosten für weitere Entwässerungsvorhaben zu hoch, dass diese ernsten Gefahren zunächst erfolgreich von der Lewitz abgewendet wurden. 1938 standen dann wirklich 7.137 ha unter Naturschutz. Damit war die Lewitz das

Der Drosselrohrsänger war vor der Rekonstruktion der Fischteiche in den üppigen Schilfbeständen sehr häufig

größte und eines der bedeutendsten Naturschutzgebiete Mecklenburgs sowie eines der wichtigsten Vogelreservate Deutschlands. RUDOLF KUHK machte 1939 genaue Angaben zu den Vorkommen der einzelnen Vogelarten. Einige sollen hier noch einmal, zur Unterstreichung der damaligen großen überregionalen Bedeutung der Lewitz als Vogelbrutgebiet, hervorgehoben werden (M = Mecklenburg): Seggenrohrsänger (sehr häufig), Kornweihe (Hauptbrutplatz in M), Wiesenweihe (einziger Brutplatz in M), Flussseeschwalbe (1.000 Paare, größte Kolonie in M), Trauerseeschwalbe (70 Paare, größte Kolonie in M), Lachmöwe (1.000 Paare), Großtrappe (eines der Hauptbrutgebiete in M), Birkhuhn (einer von vier Beständen in M), Kolbenente (eines von drei Brutgebieten in ganz Deutschland), Pfeifente (einziger bekannter Brutplatz in M), Schwarzhalstaucher (25-30 Paare), Wachtelkönig (zahlreich), Kampfläufer (20 Paare), Uferschnepfe (4-12 Paare). Außerdem zählte man insgesamt 30 Brutpaare des Weißstorches – davon allein acht in Friedrichsmoor und vier in Mirow. Der paradiesische Zustand sollte allerdings nicht mehr lange anhalten.

Die schwerwiegenden Eingriffe des Menschen nach 1945 förderten dann nicht mehr die Artenvielfalt, sondern verminderten sie. Immer weniger konnte die Natur ausgleichend wirken. Der Naturschutz musste sich ab jetzt fast völlig den Wirtschaftsinteressen unterordnen. Die Verlustliste der in der Lewitz dadurch ausgestorbenen Vogel- und Pflanzenarten ist lang und für den Naturliebhaber sehr schmerzlich. Es fällt mir dementsprechend schwer, an dieser Stelle zurückhaltende Sachlichkeit zu üben. Deshalb soll hier nur ein kurzer Abriss der Entwicklung erfolgen.

Nach Kriegsende dezimierten zunächst die Truppen der Roten Armee beträchtlich das Haar- und Federwild. Die periodischen Karpfenteiche waren außer Funktion bzw. verkamen. Raritäten, wie die Kolbenente und das Birkwild, verschwanden daher als Brutvögel. Ab 1958 führte die Umsetzung von Maßnahmen zur Schaffung einer industriellen Großraumlandwirtschaft und die intensivierte Teichwirtschaft ab 1978 (Rekonstruktion) dazu, dass die Lewitz ihre ursprüngliche Bedeutung als Brutgebiet für fast alle der eingangs aufgeführten Vogelarten nach und nach völlig einbüßte. Das alte Naturschutzgebiet wurde Anfang der 1960er Jahre aufgelöst. Die meisten der in der neuen Schutzgebietsverordnung enthaltenen durchaus auch positiven Ansatzpunkte wurden in der Realität kaum berücksichtigt. Besonders schwerwiegend wirkte sich die weitere Absenkung des Grundwasserspiegels nach der zweiten Komplexmelioration von 1976 bis 1980 auf die Brutvogelwelt aus. Die Schöpfwerke pumpten das Wasser bis auf den letzten Tropfen in die neuen tiefen Gräben. Der Feuchtwiesenanteil im Lewitzgebiet sank auf ganze 0,3%! Wo einst Kampfläufer ihre imposanten Balzkämpfe austrugen und das Trillern des Großen Brachvogels allgegenwärtig war, grasten Tausende Rinder auf großen einheitlichen Weideflächen das Saatgrasland ab. Der Nährstoffeintrag in das Gebiet erhöhte sich enorm. Zahlreiche Feldgehölze und kleinere Gräben verschwanden. Im Prinzip musste jede letzte noch so kleine Ödlandfläche möglichst intensiv genutzt werden. Erschreckend ist der Schwund des Niedermoorbodens, welcher zu den wichtigsten, die Landschaft prägenden, natürlichen Gegebenheiten der Lewitz zählt. Erwartungsgemäß kam es zum lokalen Aussterben vieler ehemalig heimischer Arten, wie z. B. des Seggenrohrsängers sowie der Korn- und Wiesenweihe; außerdem zum Zusammenschrumpfen oder völligen Erlöschen der großen Populationen der Schnepfenvögel wie Großer Brachvogel, Rotschenkel, Kampfläufer und Bekassine. Die einzige noch regelmäßig brütende Limikolenart ist seitdem der Kiebitz. Von den einst vorhandenen 30 Brutpaaren des Weißstorches zählte man 1988 im gesamten Lewitzgebiet nur noch sechs!

Auch der Wald blieb vom Intensivierungswahn nicht verschont. So sind u. a. Buchenaltbestände in lewitzfremde Pappel-, Fichten-, Douglasien- und Lärchenkulturen umgewandelt worden. Außerdem litt auch das Wald-Naturschutzgebiet unter der Grundwasserabsenkung.

Durch die Rekonstruktion der Teiche verschwanden kleine Inseln und Dämme samt ihres natürlichen Bewuchses. Vor allem der Schilfbestand schmolz auf einen kleinen Rest zusammen. Die großen Lachmöwen-, Trauer- und Flussseeschwalbenkolonien erloschen restlos. Seltenere Entenarten wie die Pfeif- und Spießente verschwanden, während sich große Bestände von Tafel- und Reiherente behaupten konnten. Haubentaucher, Graureiher und „Allerweltsvögel" wie Höckerschwan *(Bild unten)* und Blesshuhn nahmen stark zu. Mehrheitlich aber nahm die Artenvielfalt und die Anzahl der Brutpaare vieler Arten in den rekonstruierten Fischteichen ab. Der Kormoran, einst gelegentlicher Nahrungsgast, ist durch das steigende reichhaltige Angebot mit leicht zu erbeutenden Fischen in seinem Bestand regelrecht explodiert. Er wird deshalb bis heute durch autorisierte Personen dezimiert bzw. vergrämt.

Das Verlassen und Neubesiedeln der Lewitz durch einige Vogelarten schreibt man auch natürlichen Prozessen zu, z. B. durch großräumige Klimaschwankungen. Im 20. Jahrhundert zählen zu solchen Neubesiedlern Kolbenente (ab 1922), Wacholderdrossel (ab 1960), Bartmeise (ab 1967), Beutelmeise (ab 1973), und Rohrschwirl. Nicht mehr nachweisbar war bereits vor 100 Jahren die Blauracke.

Fischadler

Seeadler

Die Bedeutung der Lewitz als Sumpfvogelbrutgebiet wich nach und nach der eines ausgedehnten Rast-, Mauser- und Überwinterungsgebietes. Die Ansammlungen von (nichtbrütenden) Gänsen, Schwänen, Limikolen und Enten auf den nährstoffreichen Teichen und Grünlandflächen nahmen ständig zu und begründeten u. a. die Ausweisung der Lewitz zum europäischen Vogelschutzgebiet 1992.
Nach 1990 ergaben sich Chancen, aber auch neue Gefahren für den Naturschutz. Geblieben ist bis heute die eindrucksvolle Dreiteilung des Lebensraumes in Wald-, Wasser- und Wiesenbiotope. Außerdem gehört die Lewitz zu den dünnbesiedeltsten Landstrichen Deutschlands. See- und Fischadler können unbehelligt in den Teichen jagen und zur Zugzeit im Herbst kommt es nicht selten bei beiden Arten zu Konzentrationen von über 20 Exemplaren. Der Grund hierfür ist die Beachtung strenger Schutzbestimmungen wie die Einhaltung der Horstschutzzonen und das Verbot von Pestiziden (DDT) ab den 1970er Jahren. Zumindest an diese Bestimmungen des DDR-Naturschutzgesetzes wurde sich in dieser Zeit gehalten. Weiterhin wirkte sich die Erweiterung und Rekonstruktion der Teiche für diese Arten ebenso günstig wie für den Kormoran aus. An dieser Stelle muss aber betont werden, dass der angerichtete Schaden durch Fisch- und Seeadler im Vergleich zu anderen fischdezimierenden Faktoren bedeutungslos ist. Wenn sie auch keine Kulturfolger im eigentlichen Sinne sind, kommt doch Fisch- und Seeadlern die gegenwärtige Ausstattung der Kulturlandschaft Mecklenburgs sehr entgegen (große fischreiche, eutrophierte flache Gewässer). Als letztes Glied in der Nahrungskette sind sie ein Indikator für den Gesundheitszustand ihres Lebensraums. Eine Besonderheit weist der in der Waldlewitz auf einer 160-jährigen Buche errichtete Horst des Seeadlers auf. Er wurde bis 1999 ununterbrochen 28 Jahre genutzt und zählt somit zu den ältesten bzw. am längsten besetzten in Deutschland. (Im Durchschnitt errichten Seeadler alle fünf Jahre einen neuen Horst.)

Naturschutz und Energiewirtschaft arbeiten bei der Beringung der jungen Fischadler zusammen.

Kunsthorst des Wanderfalken

Ein interessantes Projekt startete der Landesjagdverband M-V in Zusammenarbeit mit dem Arbeitskreis Wanderfalkenschutz des Deutschen Falkenordens. Im Randbereich der Lewitz werden seit 1995 jedes Jahr in mehreren Kunsthorsten *(Bild links)* zwei bis drei Wochen alte Wanderfalkenjungvögel ausgewildert. Die Tiere stammen aus einer Zuchtstation. Das Ziel ist die Wiederansiedlung einer baumbrütenden Wanderfalkenpopulation in Mecklenburg, wo durch Pestizideinsätze 1972 das letzte Brutvorkommen dieser Art erloschen war. Von 1995 bis 2005 gelangten insgesamt 150 Jungfalken zur Auswilderung. Im Jahr 2000 stellte sich der erste Erfolg ein. Ein Wanderfalkenpaar brütete auf einem Baumhorst und zog dort Jungfalken auf. Auch im Jahr 2001 und 2003 bis 2006 brütete ein Paar und je vier Jungfalken flogen aus. Die Chancen stehen also gut, dass sich der Wanderfalke auch wieder in der Lewitz, in der er bis 1968 brütete, ansiedelt und mit etwas Glück bei seinen rasanten Beute-Sturzflügen zu beobachten ist.

Das Gutachten des Ingenieurbüros Schwerin für Landeskultur, Umweltschutz und Wasserwirtschaft GmbH dokumentiert die Entwicklung der Vogelwelt der Lewitz in den 1990er Jahren: 1990-1995 konnten 227 verschiedene Vogelarten beobachtet werden. Davon sind 128 Arten Brutvögel, 196 Arten Rastvögel und 18 Arten Überwinterer. Von diesen Spezies stehen 77 Arten auf der Roten Liste des Landes M-V, 66 Arten auf der Roten Liste von Deutschland und 38 Arten sind entsprechend europäischen Festlegungen besonders geschützt. Den größten Anteil der rastenden Zugvögel stellen im Herbst und Frühjahr die folgenden Arten: Blessgans bis 50.000 Individuen, Saatgans bis 12.000, Graugans bis 400, Zwergschwan bis 1.000, Singschwan bis 400, Kiebitz bis 21.000, Goldregenpfeifer bis 6.500, Großer Brachvogel bis 300, Stockente bis 13.500, Tafelente bis 8.000, und Pfeifente bis 4.000 gezählte Individuen an einem Tag und das sind längst nicht alle Arten mit solch gigantischen Zählergebnissen.

Durch den Übergang zu einer extensiven Bewirtschaftung größerer Grünlandflächen sowie bei der heutigen Fischproduktion besteht die Hoffnung auf eine Normalisierung des Naturhaushaltes. Kläranlagen säubern nun die vorher oft ungefilterten Abwässer der Haushalte und der Industrie. In der Müritz-Elde-Wasserstraße wird sogar wieder gebadet. Das große Problem besteht aber weiterhin in der teilweise inkonsequenten Durchsetzung der Schutzbestimmungen. Vermehrter Grünlandumbruch zu Ackerflächen, weiterer Moorschwund durch ein anhaltend negatives Grundwasserverhältnis, starke Verkehrsentwicklung mit einhergehenden Emissionen und Straßenausbau sind nur einige Beispiele dafür. Im Interesse der Erhaltung einer lewitztypischen Vogelwelt darf die wirtschaftliche Nutzung aber nicht eingestellt werden. Diese ist vielmehr im größeren Umfang zu extensivieren. Außerdem bietet sich die Chance, durch einen naturbezogenen und naturverträglich gelenkten Tourismus Einnahmequellen für regionale Unternehmen zu erhalten und neu zu schaffen. Durch die bereits in Angriff genommene Wiedervernässung geeigneter Wiesen- und Waldstandorte wird hoffentlich zumindest ein Teil der verschwundenen Brutvögel zurückkehren. Darüber hinaus sind die im Lewitzzentrum entstandenen Ackerflächen wieder in Grünland umzuwandeln. Außerdem bedarf die zu einem Meliorationsgewässer degradierte Alte Elde einer umfassenden Renaturierung. Weiterhin sind die restlichen landschaftsbelebenden Solitärgehölze vor landwirtschaftlichen Einflüssen zu schützen, Ersatzpflanzungen für bereits geschädigte Bäume vorzunehmen und bestehende Anpflanzungen aus standortfremden Bäumen und Sträuchern schrittweise durch einheimische Arten zu ersetzen. Auch zur Förderung der Erholung muss wie in anderen Schutzgebieten eine Lenkung und Einschränkung des Kraftfahrzeugverkehrs erfolgen. Die Jagd auf Gänse und andere Vögel ist zeitlich und räumlich auf das unbedingt notwendige Maß einzuschränken. Die in der Lewitz in letzter Zeit vermehrt eingewanderten Raubsäuger Waschbär, Marderhund und Mink (amerikanischer Nerz) müssen dagegen dezimiert werden. Diese gebietsfremden Arten schädigen die einheimische Tierwelt durch ihre räuberische Ernährungsweise.

Wanderfalke

Fazit: Die Renaturierung einiger Areale, der Erhalt und die Extensivierung der Bewirtschaftung von Grünland- und Teichflächen, das Anstreben eines naturnahen Waldbildes in der Waldlewitz, die Schaffung einer hauptamtlichen Schutzgebietsverwaltung sowie ein gelenkter, landschaftsbezogener Tourismus außerhalb der sensiblen Bereiche sind die geeignetsten Mittel, um die Lewitz für die Tier- und Pflanzenwelt und die Naturliebhaber zu erhalten. Dadurch wird sie außerdem sicherlich vieles von ihrer ehemaligen Artenvielfalt und Schönheit zurückgewinnen. Die Naturschutzbewegung der Lewitz kann dabei auch auf den traditionsreichen Heimatschutzgedanken der 20er und 30er Jahre des 20. Jahrhunderts aufbauen.

Lewitztour

Tipps für einen Lewitzbesuch

Sicherlich haben Sie, lieber Leser, beim Anschauen der Fotos und beim Lesen des Textes bereits Anregungen für eine eigene Entdeckungstour durch die Lewitz bekommen. Jetzt können Sie entscheiden wie Sie Ihren Besuch gestalten möchten. Dabei spielt natürlich auch eine Rolle, wieviel Zeit Sie zur Verfügung haben und wie es um Ihre körperliche Fitness bestellt ist. Im Folgenden möchte ich Ihnen einige zusätzliche Informationen zu Sehenswürdigkeiten, Unterkünften, gastronomischen Einrichtungen, Veranstaltungen und Führungen im und um das Lewitzgebiet geben.

Sehenswürdigkeiten, Unterkünfte und Gastronomie

Das südliche Tor zur Lewitz ist Neustadt-Glewe. Die beschauliche Kleinstadt ist sehr gut über die Autobahn A24 und die Regionalbahn erreichbar. Der mittelalterliche Stadtkern mit der Burg und dem Kiez, sowie das restaurierte Barockschloss *(Bild unten)* bieten sich für eine Besichtigung an. Die Burg ist die älteste, am besten erhaltene mittelalterliche Wehranlage Mecklenburgs. Die zwei integrierten Wohngebäude, das „neue und das alte Haus", vermitteln zusammen mit der Ringmauer einen Eindruck mittelalterlicher Wohn-, Wirtschafts- und Wehranlagen. In der Burg befindet sich ein Museum mit wechselnden Ausstellungen zur Stadt bzw. Stadtgeschichte. Das Barockschloss wurde in der Zeit von 1711 bis 1720 als zweigeschossige Dreiflügelanlage im klassizistischen Stil vollendet. Außergewöhnlich ist die Innenausgestaltung der Räume mit italienischem Stuckdekor.

Unmittelbar am Naturschutzgebiet „Fischteiche in der Lewitz" befindet sich Neuhof, ein Ortsteil von Neustadt-Glewe. 1952 bekam die kleine Gemeinde ein eigenes Kulturhaus. Seit 1990 wird dieses Gebäude als Gaststätte genutzt. Das „Lütt Hus" ist für die preiswerte und schmackhafte typisch mecklenburgische Küche bekannt und beliebt. Das zubereitete Fleisch stammt von Tieren aus heimischer Aufzucht. Im Sommer kann man nach einem appetitanregenden Lewitzausflug auch im Biergarten neue Kräfte tanken. Außerdem steht der Saal nach Anmeldung für die Ausrichtung von Familien-, Betriebs- & anderen Feiern zur Verfügung. Die Gaststätte hat täglich ab 11.00 Uhr geöffnet. Mittwochs ist Ruhetag. Unter der Telefonnummer 038757-22525 werden gerne Tischreservierungen und Anmeldungen entgegengenommen.

Gaststätte „Lütt Hus" in Neuhof

Ferienanlage Buchholz

Kurz vor den Toren der Stadt befindet sich 250 m vom beliebten Neustädter Badesee entfernt die Ferienanlage Buchholz. Die gemütlich ausgestatteten Finnhütten grenzen direkt an eine Pferdekoppel und bieten sich für Naturliebhaber als Ausgangspunkt für eine Erkundung der Umgebung an. Kontakt und Informationen gibt es unter 038757-22783 oder im Internet unter www.ferienanlage-buchholz.m-vp.de

Im Dorf Friedrichsmoor befindet sich das wohl meistfotografierte Gebäude der Lewitz, das *Jagdschloss (Bild unten)*. Zunächst wurde 1705 im Auftrag des Herzogs ein Jagdhaus nach schwedischer Bauart als Blockhütte errichtet. Unter der Leitung des Baukonstrukteurs von Seydewitz entstand dann 1791 an gleicher Stelle eine eindrucksvolle barocke Anlage als dreiflügliger Fachwerkbau. Für den Barockstil ist die strikte Trennung von Wohn- und Küchenbereich typisch. Sehenswert ist im Gartensaal die aus dem Jagdschloss Friedrichsthal bei Schwerin stammende Bildtapete „Die Jagd bei Compiègne". Sie wurde um 1815 in einer Pariser Manufaktur hergestellt und zeigt auf 25 Bahnen fünf Szenen einer Parforcejagd in Frankreich. Das Jagdschloss wird heute als Restaurant und Hotel genutzt. Außerdem können Kinder und Erwachsene von hier aus mit den zum Objekt gehörenden Lewitzschecken und anderen Pferden die Waldlewitz erkunden. Das Jagdschloss ist unter der Telefonnummer 038757-54571 oder über das Internet unter www.jagdschloss-friedrichsmoor.de zu erreichen.

Kirche in Goldenstädt

Kirche in Peckatel

Auch die über 20 Lewitzranddörfer haben viel Interessantes zu bieten.
Es gibt zum Beispiel zwei sehenswerte Kirchen, die Sie sich anschauen sollten. So steht in Peckatel bei Plate die kleinste Fachwerkkirche Norddeutschlands.

Holländer-Galerie-Mühle in Banzkow

Die Kirche in Goldenstädt mit dem separaten Glockenstuhl war dagegen im 14. Jahrhundert die größte der Gegend. Die für alle Lewitzdörfer einstmals typischen reetgedeckten Häuser findet man noch im historisch gewachsenen Straßendorf Mirow, einem Ortsteil von Banzkow.
Der Ort Banzkow wurde im Jahr 1300 erstmals urkundlich erwähnt. Ab Mitte des 16. bis in die erste Hälfte des 19. Jahrhunderts hatte Banzkow eine besondere Bedeutung durch seine Störübergangs- und Frachtstraße. 2007 errang das Dorf im Landeswettbewerb „Unser Dorf hat Zukunft - Unser Dorf soll schöner werden" den ersten Platz.
In Banzkow steht eine weitere Sehenswürdigkeit: die Holländer-Galerie-Mühle. In der 1874 gebauten Windmühle mahlte man noch bis 1958 Getreide. 1974 erfolgte der Umbau zu einer Gaststätte. 1994 wurde die Mühle vollständig renoviert. Von der Mühlengalerie aus bietet sich ein schöner Ausblick über das Lewitzbecken. In den Nebengebäuden entstand ein modernes Hotel inklusive einem Jodsole-Schwimmbad mit Außenpool. Unter der Telefonnummer 03861-505-0 oder unter der Internetadresse www.lewitzmuehle.de sind weitere Informationen zur Mühle erhältlich.
Ebenfalls in Banzkow, in den Räumen des Untergeschosses des Trend-Hotels, befindet sich das Störtalmuseum. Hier wird auf vielfältige Weise das Wohnen, Arbeiten und Leben auf dem Lande in der Vergangenheit veranschaulicht.

Van der Valk Landhotel in Spornitz

Das ebenfalls 1300 erstmals urkundlich erwähnte Spornitz ist das größte Lewitzdorf. Die Spornitzer Kirche, die Sieben Sagensteine und das Gut Steinbeck sind Anziehungspunkte für viele Touristen aus nah und fern. Spornitz ist gleichfalls ein Ausgangspunkt für Wanderungen in die bewaldeten Sonnenberge (mit 125 m über dem Meeresspiegel).

Am Dorfrand befindet sich das Van der Valk Landhotel. Das im Mai 1995 eröffnete stilvolle Haus liegt nur sechs Kilometer von der Autobahn A 24 entfernt. Es ist von der charmanten niederländischen Lebensart geprägt. Die über 135 komfortabel ausgestatteten Zimmer bieten eine elegante Behaglichkeit. Eines der Zimmer ist behindertengerecht eingerichtet. In den sieben Veranstaltungsräumen für insgesamt 240 Personen können Seminare, Konferenzen und Familienfeiern durchgeführt werden. Weiterhin gibt es eine Bibliothek, einen Fitnessraum, eine Sauna, ein Solarium, Massageangebote und einen Automatenspielbereich mit Billard, Dart und Flipper. Vor dem Haus stehen 100 kostenlose Parkplätze zur Verfügung. Im Restaurant und der gemütlichen, rustikalen Kartoffelstube wird auf eine bewusst landestypische Küche mit mecklenburgischen Gerichten Wert gelegt.

Wenn Sie mehr Informationen wünschen, können Sie das Landhotel unter der Telefonnummer 038726-880 oder der Faxnummer 038726-88490 erreichen. Natürlich ist das Hotel auch im Internet unter www.vandervalk.de zu finden.

Pingelhof in Alt Damerow, davor Paar in „Schweriner Tracht"

Volkstanzgruppe in „Schweriner Tracht" beim Erntefest am Pingelhof

Der Pingelhof in Alt Damerow ist ein reetgedecktes niederdeutsches Hallenhaus, welches zu den ältesten Bauernhäusern Mecklenburgs gehört. Es entstand bereits 1607 und wurde 1665 erneuert. Haus und Hof sind nach einer umfangreichen Rekonstruktion 1989 als Museum bis heute original erhalten geblieben.
Auf den Fotos sind Mitglieder des Trachten- und Volkstanzvereins Parchim e.V. zu sehen, die eine an die „Schweriner Tracht" angelehnte Tanztracht tragen. Die „Schweriner Tracht" war im 19. Jahrhundert die am weitesten verbreitete ländliche Tracht in Mecklenburg und damit auch in der Lewitzregion. Das Original ist gekennzeichnet durch eine durchweg schlichte Gestaltung in vorwiegend dunklen Farben und mit verhältnismäßig bescheidenem Schmuck.
Vier Kilometer von Alt Damerow entfernt liegt das Dorf Garwitz. Der neue Sportboothafen, der Wasserwanderrastplatz und das Freibad kennzeichnen diesen tourismusfreundlichen Lewitzort an der Müritz-Elde-Wasserstraße.
In der Hotel-Gaststätte „Zur Schleuse" werden täglich Spezialitäten aus Mecklenburg und natürlich der Lewitz gereicht. Vor dem Haus gibt es eine Sommerterrasse und Parkplätze. Für Festlichkeiten und Tagungen stehen der Saal (bis zu 120 Pers.) oder das Vereinszimmer zur Verfügung. Die Ein- bis Vierbettzimmer werden inkl. eines reichhaltigen Frühstücks vermietet. Für weitere Serviceangebote und Reservierungen erreichen Sie die Hotel-Gaststätte unter Telefon 038722-20053 oder Fax 038722-22404.

Gaststätte „Zur Schleuse" in Garwitz

Altstadtfest am Schweriner Pfaffenteich

Blick vom Schweriner Dom auf den Markt und das Schloss

Blick vom Fernsehturm auf Kaninchen- und Ziegelwerder

Ein großes Freilichtmuseum gibt es in Schwerin-Mueß, am Südufer des Schweriner Sees. Hier bekommt man einen Einblick in die Arbeits- und Lebenswelt der Bewohner eines mecklenburgischen Dorfes vom 18. bis zum Beginn des 20. Jahrhunderts. Das Museum umfasst mit ca. 3,3 ha Grundfläche einen Teil des alten Mueßer Dorfkerns. Die Rekonstruktion der Gebäude begann 1965 mit einem Bauernhof. Durch umfangreiche wissenschaftliche Forschungen konnte der historische Hausbestand auch mit dem originalen Mobiliar, Haushaltsgegenständen und Arbeitsgeräten ausgestattet werden.

Wenn man in Schwerin, der Stadt der sieben Seen ist, sollte auf eine Stadtbesichtigung nicht verzichtet werden. Vom gotischen Dom in der Altstadt bietet sich eine beeindruckende Sicht auf die herrlich zwischen den Seen gelegene Landeshauptstadt von Mecklenburg-Vorpommern. Wem die 200 Treppenstufen zu beschwerlich sind, kann eine ebenso lohnende Aussicht vom Fernsehturm im Stadtteil Neu Zippendorf genießen und dabei auch weit in das Störtal der Lewitz schauen. Dann sollte der Besuch des Schweriner Schlosses *(Bild rechts)* mit seinem Burg- und Schlossgarten ebenso zum Besichtigungsprogramm gehören wie ein Spaziergang durch das historische Stadtzentrum, in dem viele Sehenswürdigkeiten auf kleinem Raum zu entdecken sind.

Luftbild von Parchim (oben) und mittelalterliches Rathaus (unten)

Das ehemalige kaiserliche Postamt im Neorenaissance-Stil ist heute ein Brauhaus.

Parchim ist die dritte an der Lewitz gelegene Stadt. „Pütt", wie die Parchimer ihre Stadt liebevoll nennen, kann mit einem reizvollen kulturhistorischen Stadtkern aufwarten. Fachwerkhäuser des 16. und 17. Jahrhunderts, wie z. B. das von 1999 bis 2002 denkmalgerecht sanierte Zinnhaus *(Bild unten)*, zwei mächtige gotische Kirchen, die Sankt Marien- und die Sankt Georgenkirche, sowie schöne Plätze bestimmen das Stadtbild der Kreisstadt.

Auch Parchim ist von der Lage am Wasser geprägt. Die Müritz-Elde-Wasserstraße und der Wockersee *(Bild rechts)*, bieten Einheimischen und Touristen vielfältige Möglichkeiten zur Entspannung und Erholung.

Der Schlosspark Ludwigslust ist mit 120 ha der ausgedehnteste Landschaftspark Mecklenburgs

Das Ludwigsluster Barockschloss wurde von 1772 bis 1776 erbaut

Die Kreisstadt Ludwigslust ist auf vielfältige Art mit der Lewitz verbunden, auch wenn Sie aufgrund ihrer Lage mehr zur „Griesen Gegend" zu rechnen ist. Das barocke Schloss als Sommer- und Jagdresidenz des Herzogs war regelmäßig der Ausgangspunkt für die damaligen Jagdausflüge des Adels in die Lewitz. Die Wasserspiele am Schlossplatz und im Schlosspark werden aus dem Ludwigsluster Kanal gespeist, der in der Lewitzniederung seinen Ursprung hat.
Mit seinen alten Laubbäumen, Alleen, Kanälen, Teichen, Wasserspielen und historischen Gestaltungselementen ist der Schlosspark ein Anziehungspunkt für die Einwohner aus „Lulu" und der zahlreichen Gäste.

Steinerne Brücke im Schlosspark

Burgfest in Neustadt-Glewe

Veranstaltungen und Freizeitangebote

Zu jeder Jahreszeit gibt es in den Städten und Dörfern der Lewitzregion einige jährlich wiederkehrende Veranstaltungshöhepunkte. Im Folgenden habe ich für Sie einige der Wichtigsten zusammengestellt. Weitere Hinweise dazu sind unter www.lewitztour.de zu finden.

Frühling

- Ende April: Flottenparade auf dem Schweriner See
- Erstes Wochenende im Mai: Internationales Fahr- und Reitturnier in Blievenstorf
- Wochenende im Mai: Stadtfest in Parchim
- Pfingstwochenende: Holzfest im Nettelrad in Banzkow
- Erstes Wochenende im Juni: Burgfest in Neustadt-Glewe mit Wikingerdorf und Ritterschaukämpfen *(Bild oben)*
- Drittes Wochenende im Juni: Lindenfest (Stadtfest) in Ludwigslust

Sommer

- Letztes Wochenende im Juli: Badewannenregatta auf dem Störkanal in Banzkow
- Letztes Wochenende im Juli: Neptunfest am See in Neustadt-Glewe
- Letztes Wochenende im August: Dorf- und Erntefest in Fahrbinde
- Wochenende im August: Theodor Körner Sommerfest in Wöbbelin
- Wochenende im August: Kleines Fest im Großen (Ludwigsluster) Park
- Ende August/Anfang September: Winzerfest in Schwerin

- Anfang September:
  Altstadtfest in Schwerin
- Erstes Wochenende im September:
  Holzfest in Friedrichsmoor
- Wochenende im September:
  Amtserntefest im Nettelrad in Banzkow

Herbst

- Letztes Wochenende im September:
  Erntefest mit großem Umzug in Wöbbelin
- Erstes Wochenende im November:
  Martinimarkt in Parchim (traditionelles Volksfest mit Karussellattraktionen aller Art)
  Großes Abfischen des Neuhöfer Teiches *(Bild unten)*
  Der Abschluss der „Karpfenernte" wird vom Fischereibetrieb „Lewitz Fisch" als Volksfest organisiert. Auf dem Wirtschaftshof bei Neuhof besteht außerdem ganzjährig die Möglichkeit Frischfisch und Räucherware zu erwerben. Der Hofladen hat von September bis April am Donnerstag und Freitag in der Zeit von 9 – 17.00 Uhr und von Mai bis August am Freitag in der Zeit von 13 – 15.00 Uhr geöffnet. Für weitere Anfragen ist der Fischereibetrieb unter der Telefonnummer 038757-22232 direkt erreichbar.

Winter

- Erstes Wochenende im Dezember:
  Barocker Adventsmarkt in Ludwigslust
- Zweites Adventswochenende:
  Adventsmarkt in Parchim
- Gesamte Adventszeit:
  Großer Mecklenburger Weihnachtsmarkt in Schwerin

Reiterpension Mietz

Weiterhin bestehen für Sie die folgenden Möglichkeiten zur Gestaltung eines erlebnisreichen Lewitzaufenthaltes: Zum Baden bieten sich die Seen in Neustadt-Glewe, Dreenkrögen, Parchim, Göhren und Schwerin sowie das Freibad in Matzlow-Garwitz an.
Um die Lewitz aus der Vogelperspektive zu erleben, sind Rundflüge von den Flugplätzen in Neustadt-Glewe, Parchim und Pinnow empfehlenswert. Wasserwanderer können die Rastplätze in Neustadt-Glewe, Garwitz und Raben Steinfeld nutzen.
Für Reitenthusiasten führen durch die Waldlewitz beschilderte Reitwege. In einigen Dörfern gibt es spezielle Reiterhöfe und Pensionen.

Kremserfahrt

In ruhiger Lage am Rande von Sukow befindet sich die Reiterpension Mietz. Diese ist mit insgesamt sieben gemütlich, bäuerlich eingerichteten Einzel- und Doppelzimmern ausgestattet. Kinder können hier ihre Ferien verbringen und werden ganztags betreut. Aber auch für Erwachsene gibt es viele Möglichkeiten, mit den Pferden die Lewitz zu durchstreifen. Sei es bei einer Kutsch- und Kremserfahrt mit lukullischer Verpflegung oder bei einem Ausritt auf den gutmütigen mittelgroßen Freizeitpferden aus eigener Zucht, die sogar für Gelegenheitsreiter geeignet sind. Mehr von dem Serviceangebot des Familienunternehmens erfahren Sie unter der Telefonnummer: 03861-7902 bzw. 2666. Per E-Mail ist der Reiterhof unter mietz.reiterhof@t-online.de zu erreichen.
Auch die Kutscherstube Matzlow bietet Kutsch- und Kremserfahrten durch die Teich- und Wiesenlewitz an. Der Saal der Kutscherstube und die rustikal ausgebaute Scheune werden außerdem gerne für Feiern aller Art gebucht. Bei Interesse können Sie unter der Telefonnummer 038726-80055 weitere Auskünfte erhalten.

Naturtriebwagen der ODEG (Ostdeutsche Eisenbahn GmbH)

Stressfrei und umweltfreundlich gelangen Sie mit der ODEG (Ostdeutsche Eisenbahn GmbH) zum Ausgangspunkt Ihrer Lewitztour. Seit Ende Dezember 2002 verkehrt der moderne Verkehrsdienstleister mit Sitz und Servicestelle am Bahnhof in Parchim unter anderem zwischen Hagenow und Neustrelitz. Entlang dieser Bahnstrecke liegen Naturoasen wie die Lewitz, die sich vor allem zum Wandern und Radfahren eignen.
Neben einem verlässlichen, komfortablen und freundlichen Service bietet die ODEG ihren Fahrgästen daher speziell ausgearbeitete Tourentipps in Form von Faltblättern und eine kompetente Beratung durch die Zugbegleiter an. Die ökologische Ausrichtung des Unternehmens spiegelt sich in einer Betankung der Triebwagen mit umweltfreundlichem Biodiesel wider. Die Außenreinigung der Fahrzeuge erfolgt außerdem mit aufbereitetem Wasser.
Die Strecke der ODEG tangiert den südöstlichen Lewitzrand mit regelmäßigem Halt in den Ortschaften Neustadt-Glewe, Dütschow, Spornitz und Parchim. Von dort können Sie die Gegend am besten mit dem Rad erkunden. Es besteht selbstverständlich die Möglichkeit, Fahrräder im Zug mitzunehmen. Da der Platz aber begrenzt ist, sollten sich Gruppen kurz vorher telefonisch anmelden. Fahrkarten gibt es ohne Aufpreis am Automaten im Zug.
Freizeittipps, Fahrpläne und andere Informationen sind unter der Internetadresse www.odeg.info oder der Telefonnummer 03871-6069315 abrufbar.

Führungen

Abschließend einige Vorschläge, wie Sie unter fachkundiger Begleitung die Natur und die Geschichte der Lewitz kennen lernen können.

1. Mit dem Fahrrad
   Die flache Landschaft der Lewitz ist ideal für eine Erschließung mit dem Fahrrad geeignet. An den Eingangsbereichen der Lewitz in den verschiedenen Gemeinden am Rande des Landschaftsschutzgebietes beginnen die zahlreichen unterschiedlich langen Radwanderwege.

2. Mit Ihrem Reisebus
   Die gut befestigten Wege der Lewitz bieten sich für eine Erkundung mit Ihrem Reisebus an. Während einer zweistündigen Rundfahrt bekommen Sie einen kompletten Überblick über die drei „Lewitz – W" (= Wiese, Wasser, Wald) und die Dörfer. An besonders schönen Stellen können Sie auch aussteigen und auf Tuchfühlung mit der Landschaft gehen. Außerdem haben Sie die Gelegenheit, eines der größten Gestüte der Welt zu besichtigen.

3. Mit der Pferdekutsche
   Gemächlich die Landschaft an sich vorbeiziehen und auf sich wirken lassen – Entspannung pur. Mit der Pferdekutsche gelangen Sie zu den schönsten Flecken der Zentral-Lewitz und können diese bereits während der Fahrt in Ruhe genießen.

4. Mit dem Schiff
   Eine Bootsfahrt auf den reizvollen Wasserstraßen garantiert Fahrspaß gekoppelt mit einmaligen Naturerlebnissen. Vom Deck des Fahrgastschiffes können Sie in die Niederungslandschaft mit den unendlich wirkenden Teich- und Wiesenflächen schauen.

Zu einer ornithologischen Exkursion gehören leistungsstarke Ferngläser.

5. Zu Fuß/ Ornithologische Wanderungen
   Rüstige Wanderer kommen bei einem Fußmarsch besonders intensiv mit der Natur in Kontakt. Auf den Wanderstrecken ohne Autoverkehr tun Sie etwas für Ihre Gesundheit und erholen sich bei sauberer Luft. Im Frühling und Herbst präsentiert sich Ihnen dabei eine besonders eindrucksvolle Vogelwelt. Jeweils im April und Oktober findet eine ornithologisch geführte Wanderung durch die Teichlewitz statt.

6. Multimedia Vortrag
   Mit moderner Präsentationstechnik können Sie die Reize der Landschaft auf der Leinwand genießen. Sie hören und sehen die seltenen Tier- und Pflanzenarten aus nächster Nähe und erfahren alles Wissenswerte über die Sehenswürdigkeiten und die Geschichte der Landschaft.

Im Internet, unter **www.lewitztour.de**, stehen für Sie weitere vertiefende Hinweise und Informationen bereit.
Alternativ erreichen Sie den Lewitztour- und Verlagsservice unter der Telefonnummer **038757-55887**.

Lewitz TOUR

Alte E

The Fascinating Lewitz

A Natural Paradise in Mecklenburg

In the middle of Mecklenburg, between the old towns of Parchim, Neustadt-Glewe and Schwerin, the state capital of Mecklenburg-Vorpommern, lies the Lewitz, a practically uninhabited lowland approx. 13 by 16 km in size. The landscape is both unique and typical for Mecklenburg with regard to its plant and animal species and its evolution. This opinion is shared by the many visitors from the surrounding regions and the various German federal states as well as the increasing number of tourists from other countries. The name "Lewitz" stems from the Slavic word "lowit", which could be roughly translated as "an area abundant with game", "to hunt" or simply "hunting area". The geological formation of the sandur plain was created by the meltwater from thawing glaciers following the last Ice Age approx. 15,000 years ago. Later, a layer of low-moor soil accumulated to thicknesses of more than one metre, covering nearly the entire area of the resulting large basin. Especially impressive is the expanse of undivided and undeveloped landscape, which, in these dimensions, is a true rarity in Central Europe today. The surface topography of the Lewitz basin is very uniform in appearance. It is completely flat, with no major changes in elevation. The only small hillocks in the centre, the sand dunes along the Alte Elde, rise barely a few metres above the surrounding area. They have been given grand names, such as Schultenberg or Eichberg. With the transformation of the Lewitz into a cultural landscape, mankind increased the homogeneity of the countryside even further. The landscape put no obstacles in his way. The large meadows surrounded by straight hedges (approx. 7,000 ha) which were created after the deforestation, together with the huge rectangular carp ponds with a total area of more than 800 ha, are characteristic of the transformed countryside. The entire landscape is crisscrossed by a symmetrical system of canals, along with the Alte Elde as the last natural river, and two important waterways: the Müritz-Elde Waterway and the Stör Canal. There is also a large forested area (approx. 3,500 ha), good paths, which are best accessed by bicycle, and only a few settlements.

But what would such a region be without a rich and varied animal and plant life? A unique flora and fauna was able to develop here, undisturbed, during the Lewitz region's many centuries of near complete isolation. This natural abundance, along with the sense of peacefulness and vastness emanating from it, has always been, and remains to this day, the true appeal of the landscape. One hundred years ago, the Lewitz was already well known among ornithologists throughout Germany for its bird fauna. Today, further areas of the region are being placed under environmental protection owing mainly to their value as bird territories. Roughly 16,000 hectares have been declared European Important Bird Area. The Lewitz has become a true eldorado for ornithologists and nature-lovers from near and far, especially in October during the migratory season. The White-tailed Eagles and Great White Herons, along with large flocks of wading birds and Nordic geese and swans, are some of the most striking and impressive phenomena of the bird world during this season.

Large herds of horses and cattle also bring life to the meadowlands. The villages have much to offer as well. Visitors marvel at the old hunting lodge Jagdschloss Friedrichsmoor with its famous pictorial wallpaper with hunting scenes, the Dutch gallery mill in Banzkow and many small village churches.

The way in which the cultural landscape emerged and developed is also extraordinary. There is practically no other area for which the term "Wandel" (change) has been used as often as in connection with the Lewitz. Documentary evidence from the past 200 years alone bears testimony to an incredible metamorphosis of the former post-glacial shallow lake. Primeval swamp forest, ducal woodcutting area and hunting grounds, hay meadow, nature preserve, "milk vein", tourist region – these terms, accompanied by modifiers like "significant" and "unique", are often used to characterise the Lewitz. After a nearly complete deforestation of the region, some parts were reforested and the remaining swamps used as hay meadows. Drainage measures created pastures and even some farmland. Today, great ponds cover what was once meadowland. Small canals built for log-driving grew to large, navigable canals. Locks and bridges were built, modernised and some torn down. Log roads were replaced by ordinary roads. And with each development came considerable changes in the working and living conditions of the people as well as in the flora and fauna.

This coexistence of nature and human land management has never been unproblematic and remains an important issue in the region today. Whether or not the unique qualities of the Lewitz can be preserved in the future remains to be seen.

Burkhard Fellner, the author and publisher of this book, was born in this region. Over the past years, he has created various nature and tourist publications on the Lewitz. He also writes regularly for Mecklenburg Magazin. In this book, Fellner now presents the beauty and history of the centuries-old cultural landscape through his best photos and captivating texts. The historical facts used in this work were carefully compiled through several years of research, probing through the old records of various archives and museums and questioning contemporary witnesses. Through this work, he hopes to provide joy to readers in their discovery of the landscape, both for those who may come no closer than the pictures themselves and for others who may be inspired to see the region with their own eyes. The author would like to infect readers with his own sense of awe for the Lewitz. For him, this goal is connected with the hope of passing on to future generations a spirit for preserving the landscape, as only these generations can determine which pictures of the Lewitz will be created in the future.

Burkhard Fellner has been exploring the Lewitz with his camera since the mid-1980s. He first used an analogue reflex camera, replacing it in 2003 with a modern digital reflex camera. Working in the "digital dark room" is one of his favourite aspects of photography. If the final printed version of the photograph is to closely reproduce the original impression of the natural scene, the image must be processed in some way. But even digital technology cannot work miracles. Major errors, such as strongly blurred or falsely lit images, can never be fully corrected, not even with modern technology. Montages or similar operations which grossly distort the picture or reality, such as those often used in newspapers and magazines, are something altogether different. These photos serve a different purpose and have nothing to do with nature photography as it appears in this book. The photographs presented here are essentially by-products of the observance of nature. With regard to animal photography, in particular, each photo was often the fruit of many hours of observation. The animals were not lured by feed and were only in rare instances sought out in their breeding grounds. The photographer's lens had a focal length of only 500 mm, meaning that the animals could not be too far away from the camera. The only possibility for getting close-up shots was to observe the animals' habits – especially by scouting out when and where a certain species could be expected to appear and setting up a camouflaged shelter used to observe wildlife. Sometimes, several hours would pass without a single chance for a useful photo until suddenly one or more animals came within only a few metres of the observation point. It was an indescribable feeling for the author when he was accepted by the otherwise timid wild animals as part of their natural environment, and the Kingfishers, Great White Herons or White-tailed Eagles moved about with absolute ease in his immediate proximity.

Burkhard Fellner now cordially invites you to roam the Lewitz with him, through the seasons and the centuries. Form your own impression of the uniqueness and beauty of the region and enjoy the extraordinary photographs.

Contents

Additional information at www.lewitz.eu

Quellenverzeichnis

Publikationen des Autors

FELLNER, B.

(1999, 2002): Die Entwicklung der Vogelwelt im Zusammenhang mit der Veränderung der Landschaft. – Die Lewitz, Ein Lebensraum im Wandel der Zeit. Hrsg: Grüne Liga MV e.V., Nabu MV

(2002): Treffpunkt Teichboden, Vogelzug in der Lewitz. - Mecklenburg-Magazin 48: S.22

(2003): Das „Mecklenburgische Binnenwatt". - Mecklenburg-Magazin 44: S.25

(2004): Wandel in Bildern, Teil 1 Gaartzer Brücke. - Mecklenburg-Magazin 12: S.22

(2004): Frühlingserwachen, ein Osterspaziergang in der Lewitz. - Mecklenburg-Magazin 15: S.23

(2004): Von Wald- zur Wiesenlewitz. - Mecklenburg-Magazin 23: S.22

(2004): Zur Heuernte in die Lewitz. - Mecklenburg-Magazin 30: S.21

(2004): Dem „kalten Fieber" getrotzt. - Mecklenburg-Magazin 39: S.21

(2004): Auf Dämmen durch das Moor. - Mecklenburg-Magazin 49: S.22

(2005): Mit „Willem I" auf Zeitreise durch die Lewitz, Entdeckenswertes beiderseits der Müritz-Elde-Wasserstraße. - Mecklenburg-Magazin 22: S.21

(2005): Riesige Fischteiche, alte Eisenbrücken, imposante Natur. - Mecklenburg-Magazin 26: S.21

(2005): Eine Wanne voll Schnee, Wintereindrücke aus der Lewitz. - Mecklenburg-Magazin 52: S.21

(2006): Ein Querulant teilt die Waldlewitz, Der Störkanal. - Mecklenburg-Magazin 18: S.21

(2006): Auf dem Störkanal zum „Dreiländereck". - Mecklenburg-Magazin 30: S.23

Publikationen anderer Autoren

ANONYM

(1920): Zum Vogelschutz in der Lewitz. - Mecklenburg 15: S.41-51

BELTZ, R.

(1926): Wieder einmal die Lewitz. - Heimatbund Mecklenburg: S.84-86

DAHNKE, W.

(1956): Die Lewitz botanisch gesehen. – Neue mecklenburgische Monatshefte Nr.2: S.99-108

(1956): Flora der Lewitz.

FELLNER / SIMON mit AUTORENKOLLEKTIV

(1999, 2002): Die Lewitz, Ein Lebensraum im Wandel der Zeit. - Hrsg: Grüne Liga MV e.V., Nabu MV

FROMM, L. & STRUCK, C.

(1866): Beschreibung des Störbeckens.

GEHRTZ, K.

(1959): Die Lewitz - wie sie war und sein wird. - Land und Leute (Hrsg.) Nr.1: S.9-21

HARTMANN, W.

(1936): Die Lewitz. - Naturschutz Jg.17: S. 148-149

HAUFF, P.

(2001): Horstbäume des Seeadlers in M-V. - Berichte Vogelwarte Hiddensee16: S.162

HAUSMANN, F.

(1957): Die Lewitz - das größte und wertvollste NSG der DDR. - Land und Leute (Hrsg.) Nr. 7: S.195-198

HAVEMANN, FR.

(1960): Die Wasserläufe der Lewitz in geschichtlicher Schau.

KAISER, W.
(1960): Die Lewitz als Vogelschutzgebiet. - Naturschutzarbeit Heft 5: S.31-34
KLAFS, G. & STÜBS, J.
(1987): Die Vogelwelt Mecklenburgs. - Gustav Fischer Verlag Jena
KLUTH:
inoffizielle Dorfchronik von Friedrichsmoor
KUHK, R.
(1939): Die Vögel Mecklenburgs.
MALTZAHN, FREIHERR VON
(1914): Die Lewitz. - Mecklenburg 9.
(1929/30): Die Lewitz, Volkshochschulvorträge.
(1930): Die Lewitz als Naturschutzgebiet. - Bericht über die 51. Hauptvers. des Verein Meckl. Forstwirte
MULSOW, H. (1941):
Entstehung und Entwicklung der Lewitz. - Inaugural-Dissertation
SCHLÜTER, E.
(1938): Die Lewitz vor 80 Jahren. - Heimatbund Mecklenburg
SCHULTZ, K. R.
(1962): Die Lewitz, ihre Entstehung & Entwicklung zu einem intens. Wirtschaftsgebiet. - Rat des Bezirkes
SIEBER, H.
(1972): Die vom Aussterben bedrohten Tierarten im Bezirk Schwerin. - Naturschutzarbeit Heft 1-3: S.11-16
ZIMMERMANN, H.
(1989): Die Vogelwelt der Lewitz im Wandel. - Land und Leute Nr.2: S.8-12
(1991): Brut und Durchzug von Limikolen in der Lewitz. - Ornithologischer Rundbrief M-V Nr.34: S.35-49
ZIMMERMANN, R.
(1908): Ornithologische Wandertage in der Lewitz. - Zoologischer Beobachter

Übrige eingesehene Quellen

LANDESHAUPTARCHIV SCHWERIN
Vertrag und Dienstanweisung des Schleusenwarts Schleuse No I
Akten des Mecklenburg-Schwerinschen Ministeriums des Innern (1849-1945)
WASSER- UND SCHIFFFAHRTSAMT LAUENBURG
Auskünfte von Herrn Marmetschke, Einsicht von archiviertem Schrift- und Bildmaterial
GEMEINDE BANZKOW
(2000): Chronik der Gemeinde Banzkow
IBS INGENIEURBÜRO SCHWERIN für Landeskultur, Umweltschutz und Wasserwirtschaft GmbH
(1997): Gutachten zum Europäischen Vogelschutzgebiet „Lewitz“.
ARCHIV DES LANDKREISES LUDWIGSLUST
Schweriner Volkszeitung (1958-1962).
INTERNETSEITE DES LANDESJAGDVERBANDES M-V (www.LJV-Mecklenburg-Vorpommern.de)

Zeitzeugen

Walter Dahnke (jun., Schwerin), Manfred Hoffschulz (Garwitz), Johanna Auge (Tuckhude), Bernd Schöne (Raben Steinfeld), Frau Haase (Friedrichsmoor / jetzt Wöbbelin), Hans Bergmann (Goldenstädt)

Bildnachweis

Historische Aufnahmen:
Seite 8. . . . . Karl Eschenburg, Mecklenburgisches Volkskundemuseum Mueß
Seite 72 o.l. . . . . . . Archiv Forstamt Friedrichsmoor
Seite 72 u. . . . . aus LASN, 13.1-1 Bildersammlung, Orte, Friedrichsmoor, Ma. 6, Nr. 1
Seite 73 . . . . aus LASN, 12.1-3 Großherzogliche Vermögensverwaltung, Ma. 3, Nr. 3
Seite 75 u. . . . . Karl-Heinz Möller
Seite 78 o. . . . . Karl Rolf Schultz
Seite 78 m. . . . . . . Heimatstube Garwitz
Seite 78 u. . . . . Hans Bergmann
Seite 79 u. . . . . Postkarte, Sammlung Johanna Auge
Seite 80 o. . . . . Karl-Heinz Möller
Seite 80 u. . . . . Sammlung Elisabeth Schlie
Seite 82 u. . . . . Karl Rolf Schultz
Seite 87 o. . . . . Postkarte, Sammlung Gerhard Düker
Seite 89 m.. . . . . . . Schlünz, Archiv des Landkreises Ludwigslust
Seite 89 u. . . . . Schlünz, Archiv des Landkreises Ludwigslust
Seite 93 o. . . . . Schlünz, Archiv des Landkreises Ludwigslust
Seite 94 m.o. . . . . . Walter Dahnke
Seite 94 m.u. . . . . . Heimatstube Garwitz
Seite 97 u. . . . . Postkarte, Sammlung Helmut Wiemeyer
Seite 98 l. . . . . Archiv Forstamt Friedrichsmoor
Seite 98 r.. . . . . Walter Dahnke
Seite 99 l. . . . . Fred-Rüdiger Knaak
Seite 102 . . . . Walter Dahnke
Seite 103 . . . . Archiv Wasser- und Schifffahrtsamt Lauenburg
Seite 105 l. . . . . Walter Dahnke
Seite 106 . . . . Walter Dahnke
Seite 107 u.r. . . . . . Schlünz, Archiv des Landkreises Ludwigslust

Seite 136, 137 . . . . Lewitztour

Alle anderen Fotos:
Burkhard Fellner

Medienstimmen zu „Faszination Lewitz“

... „Wer Fellners erstes Produkt aus eigenem Verlag zur Hand nimmt, wird zweifelsohne feststellen, dass hier ein „echtes Lewitz-Kind“ die Feder führte. Die von Fellner zu Papier gebrachte Geschichte der Lewitz und die von ihm selbst erlebten Geschichten bei den Tierbeobachtungen in allen vier Jahreszeiten lesen sich flüssig und nicht selten auch spannend....“

Hannelore van Reimersdahl, Schweriner Volkszeitung, 18./19.11.2006

... „Der Autor hat es hervorragend verstanden, eines der schönsten Naturparadiese in Mecklenburg vorzustellen, den Leser auf Entdeckungsreise in der dünn besiedelten Niederungslandschaft zwischen Schwerin, Parchim und Neustadt-Glewe mitzunehmen. Die Lewitzbewohner lernen ihre Heimat auf ganz neue Weise kennen....“

Ute Hartig, Mecklenburg Magazin, Schweriner Volkszeitung, 22.12.2006

... „Burkhard Fellner schreibt gerade zu, keine Schnörkel, sachlich oft aber unverkennbar liebevoll. Einer der selbst immer aufs Neue fasziniert ist von seiner Heimat und den Leser auf jeden Fall anstecken kann....“

Cornelia Dührsen, Kulturjournal NDR 1 / Radio MV, 13.03.2007

... „eine traumhafte Liebeserklärung an eines der schönsten Naturparadiese im Mecklenburgischen. Wenn Sie dieses besondere Fleckchen Erde selbst erkunden wollen - Burkhard Fellner zeigt es Ihnen gern...“

Christine Kubis, „Nordtour - Das norddeutsche Reisemagazin“, NDR Fernsehen, 05.05.2007

Karte von Friedrichsmoor 1803/04

aus: LASN, 12.12-1 Karten von ländlichen Gemarkungen, Kreis Ludwigslust, Forst Friedrichsmoor, Nr. 1